Clémence Gandillot
Die Wurzel des Lebens

Fachliche Beratung: Dr. Max Schröder

Unser gesamtes lieferbares Programm und
viele andere Informationen finden Sie unter
www.sanssouci-verlag.de

1 2 3 4 5 14 13 12 11 10

ISBN 978-3-8363-0258-6
Die Originalausgabe erschien erstmals
unter dem Titel *De l'origine des mathématiques*, © éditions MeMo, Nantes 2008

Einbandgestaltung: Hauptmann und Kompanie Werbeagentur, Zürich,
unter Verwendung eines Motivs von Clémence Gandillot
Satz im Verlag
Druck und Bindung: Tlačiarne BB, spol. s.r.o.
Printed in Slovak Republic

Clémence Gandillot

Die Wurzel des Lebens

Ein Mathematikbuch

Aus dem Französischen von

Raoul Schrott

sanssouci

Über den Ursprung dieses Buches

Kapitel des Buches über sich selbst

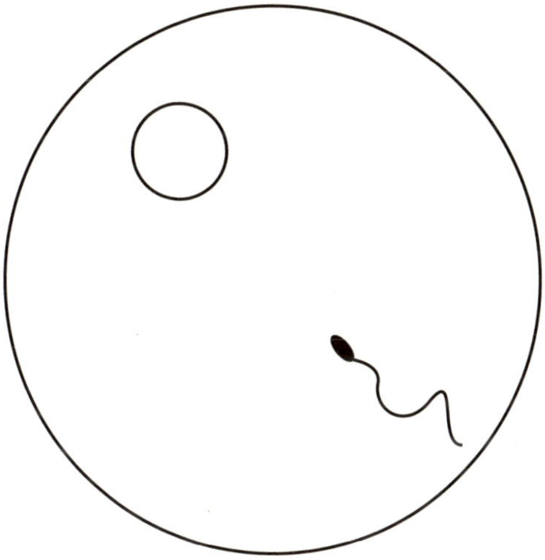

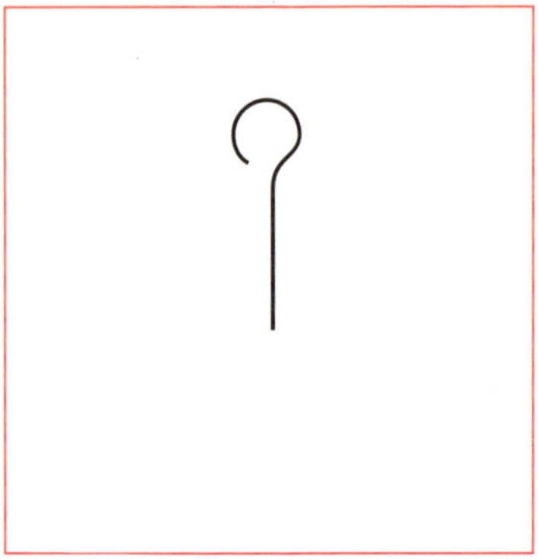

Wozu Mathematik?

Entschlossen,
diese Frage auf den Punkt zu bringen,

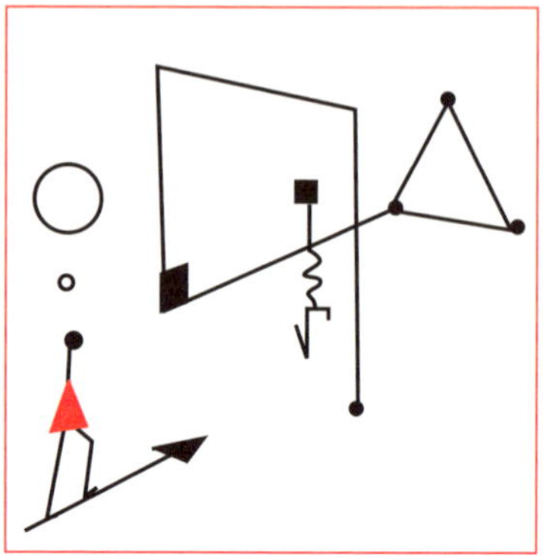

habe ich Überlegungen
zweiten Grades angestellt,

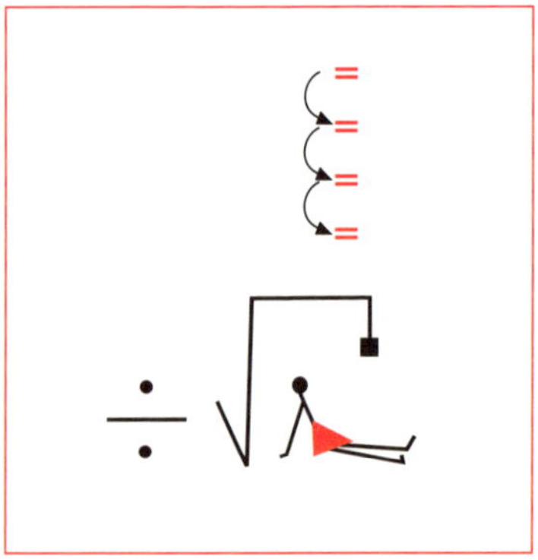

um die Mysterien der Mathematik
zu erhellen.

Was etwa ist
der absolute Wert einer Sache?

Und eine Quadratwurzel,
was soll das sein?

Was heißt es,
ins Quadrat erhoben zu werden?

Wie konnten manche Leute
ein Leben damit zubringen,

sich mit Dreiecken
und Kreisen zu beschäftigen?

Das auf die Reihe zu bekommen und all diese Punkte mit einer Linie zu verbinden war nicht gerade leicht ...

Dennoch ließen sich,
nachdem endlich Antworten
auf meine Fragen gefunden waren,

die entsprechenden Beweisführungen punktgenau vorlegen,
gemäß folgendem Lehrsatz:

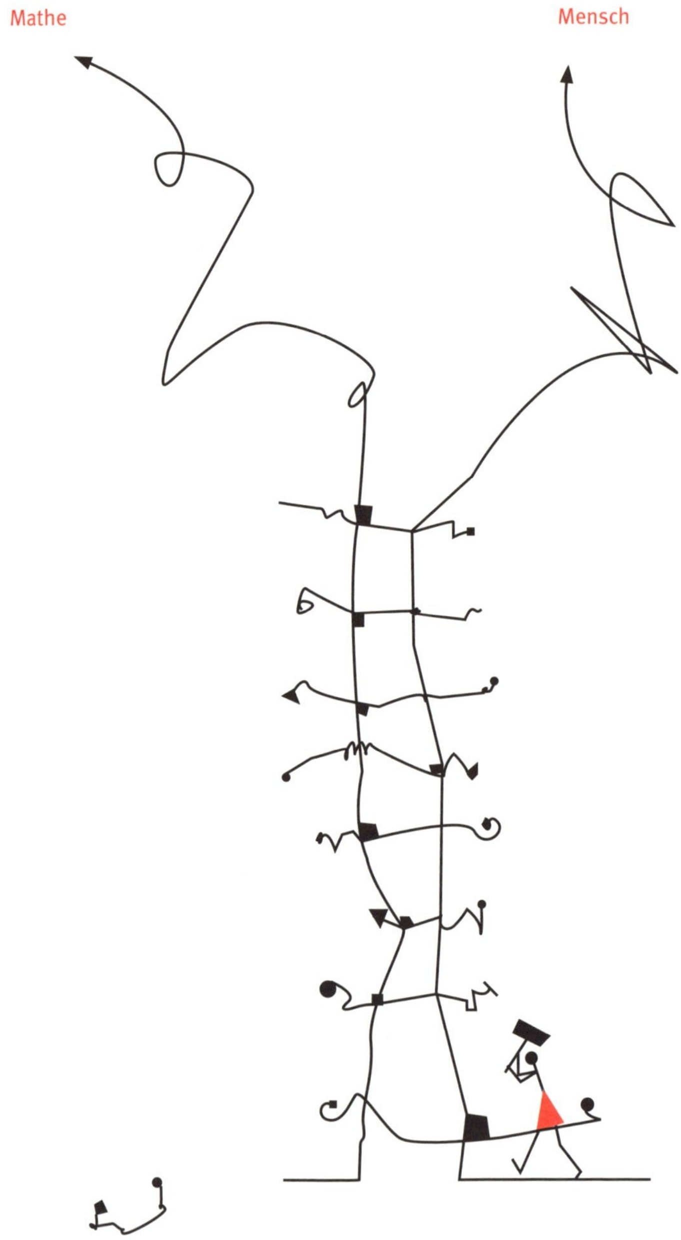

»Um Parallelen ziehen zu können, müssen die Senkrechten zu der einen Geraden auch rechtwinklig zur anderen liegen.«

Über den Ursprung der Rechenoperationen

Kapitel über die Reihenfolge, in der wir die Grundrechenarten am eigenen Leibe erfahren, ohne uns dessen bewusst zu sein ...

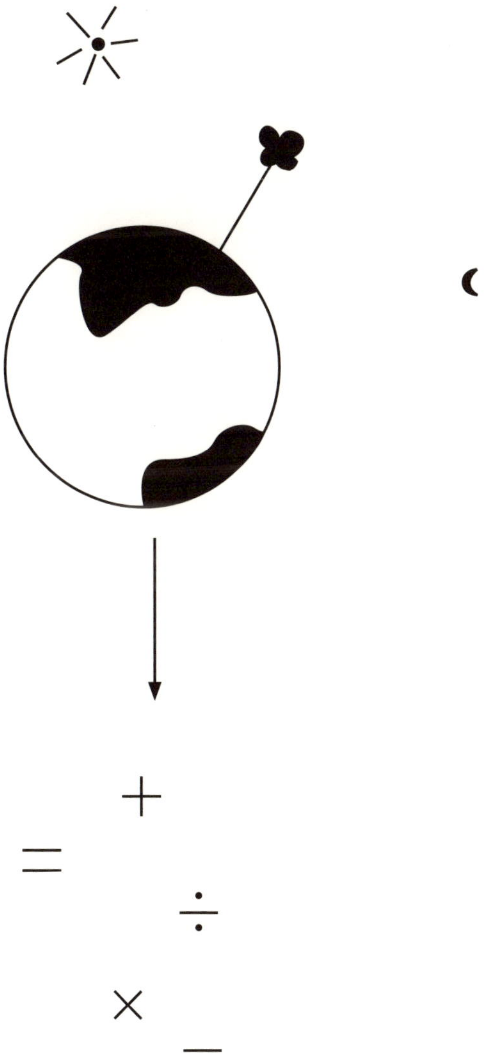

Operation: leitet sich ab von lateinisch *operatio,* »Operation«. Bei einer Operation ordnet man zwei Elementen einer Menge ein Element zu, »Resultat« genannt.

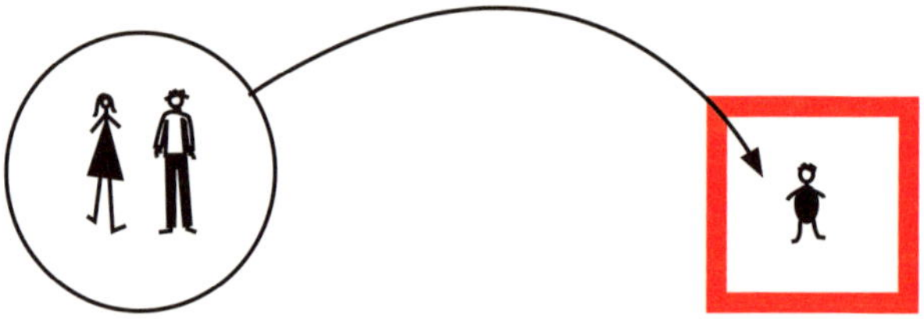

Gegeben sei: eine »Unbekannte«.

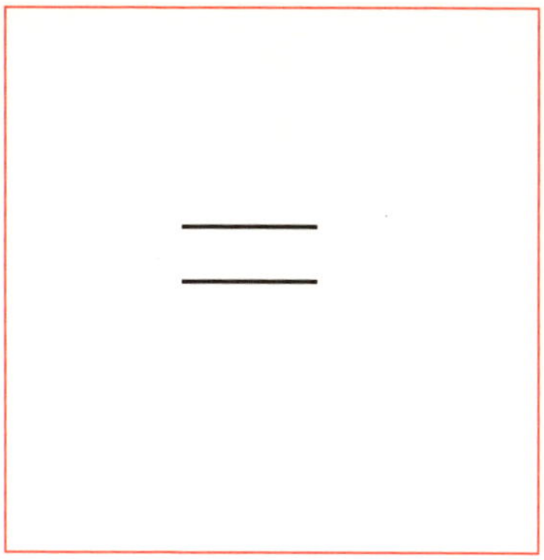

Sie ist – wie der Name sagt –

zunächst eine x-beliebige Zahl.

Aus zwei unterschiedlichen
Teilen bestehend,

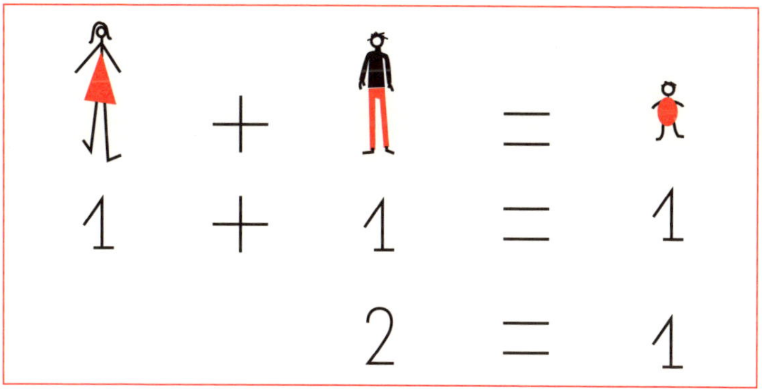

demonstriert deren Addition jedoch die Gleichung: »aus 2 mach 1«.

Ja, ja – die Frauen und die Männer:

Um sich multiplizieren zu können,

müssen sie erst mal
ihre Differenzen im Bett begleichen.

Dabei kommt einmal der Mann,

dann wieder die Frau
oben zu liegen –

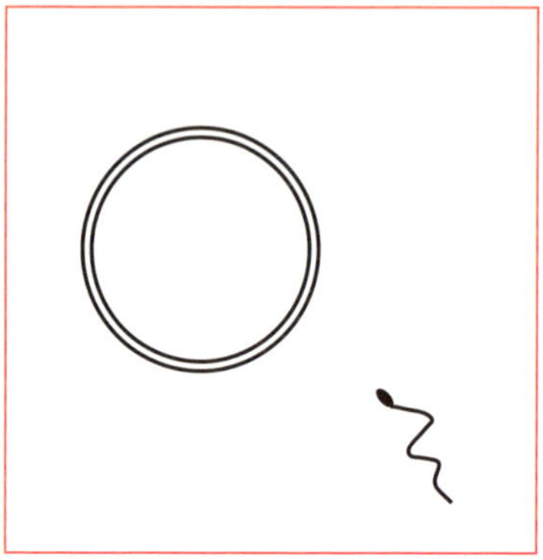

so lange, bis im Bauch

diese zwei seltsamen Bruchteile
einen gemeinsamen Nenner finden.

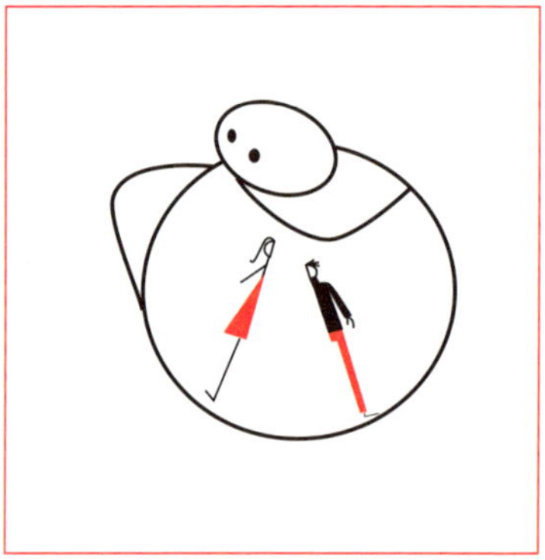

Mit dieser Rechnung fertig werden
muss dann jedoch das Baby …

Und so starrt es nun auf sein erstes
Gleichheitszeichen:

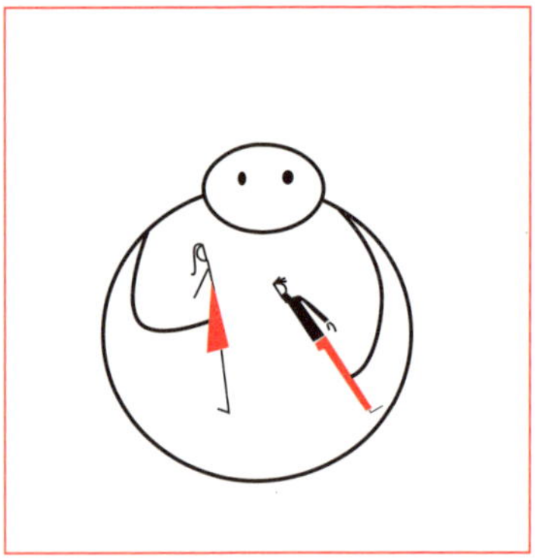

Noch weiß es ja nicht,
wem von beiden es gleichen wird!

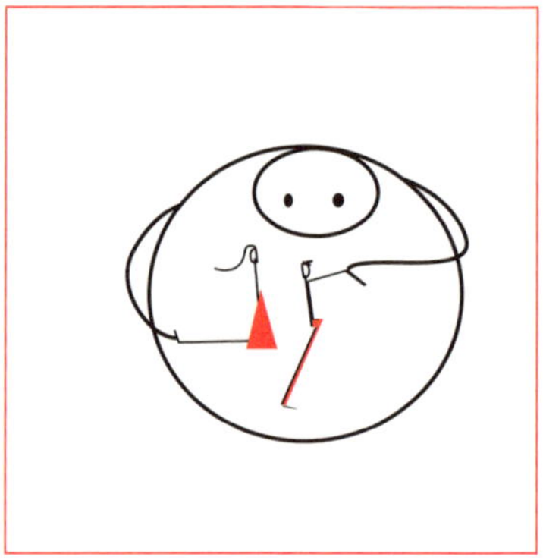

Schließlich jedoch,
viele Kombinationen

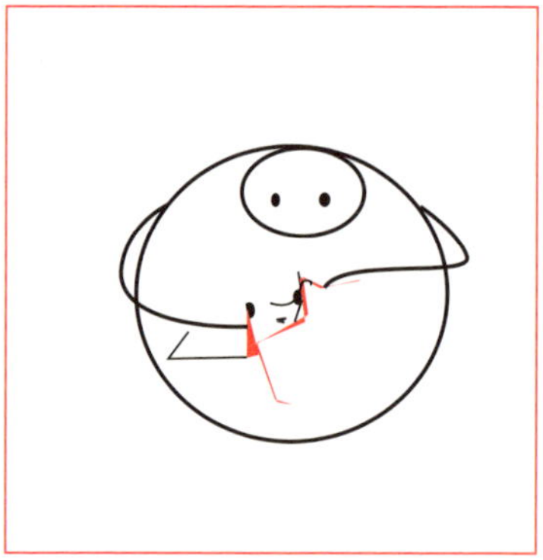

und mehrere Versuche später,

hat es seine Einheit gefunden.

Damit ist die Rechnung aber längst nicht abgeschlossen!

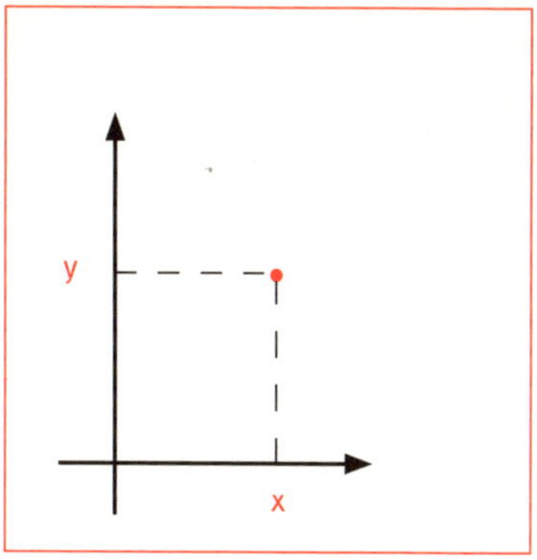

Denn solcherart von x und y »befruchtet«,

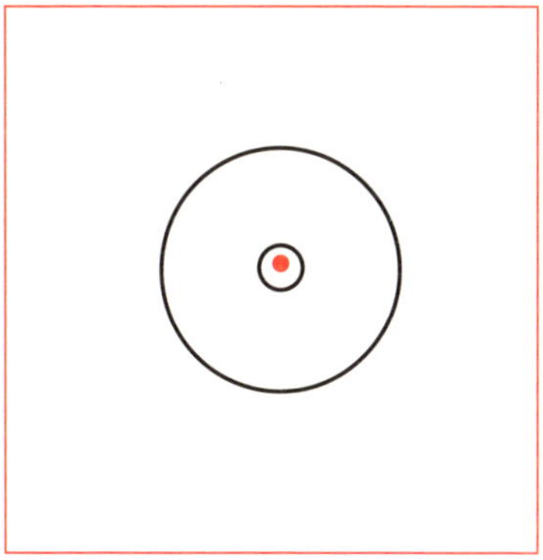

steht die »Unbekannte« im Bauch nun vor dem nächsten Problem:

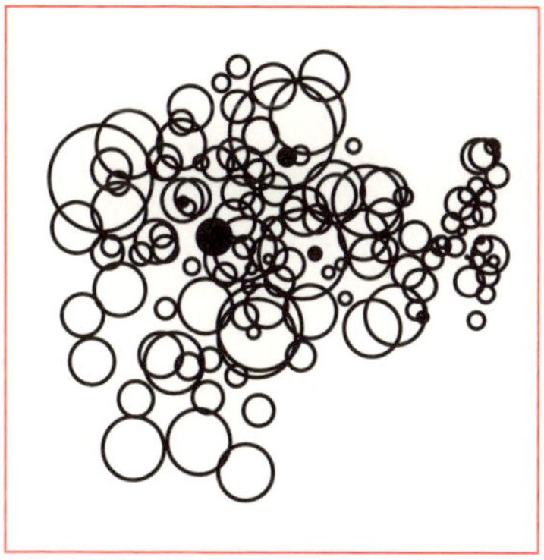

nämlich aus der Zelle Nummer 1 mehrere Milliarden weitere entstehen zu lassen,

und das in nur neun Monaten ...

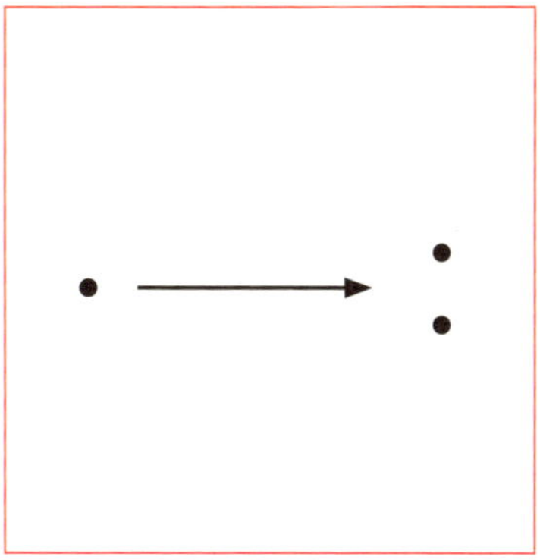

Wie also wird aus einer 1 ein solches Vielfaches?

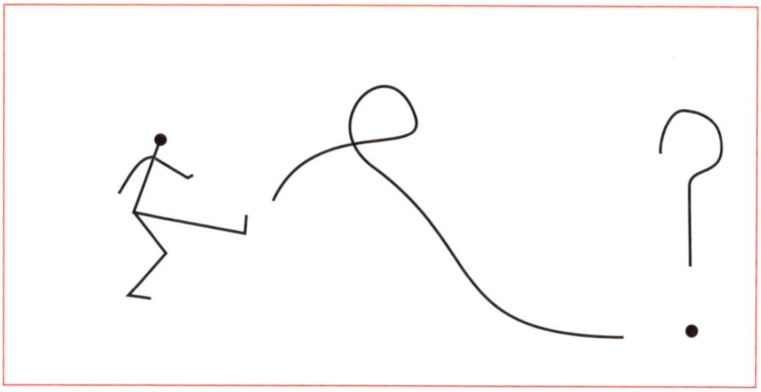

Auch unter dieses Fragezeichen gehört ein Punkt gesetzt.

Das geht folgendermaßen:

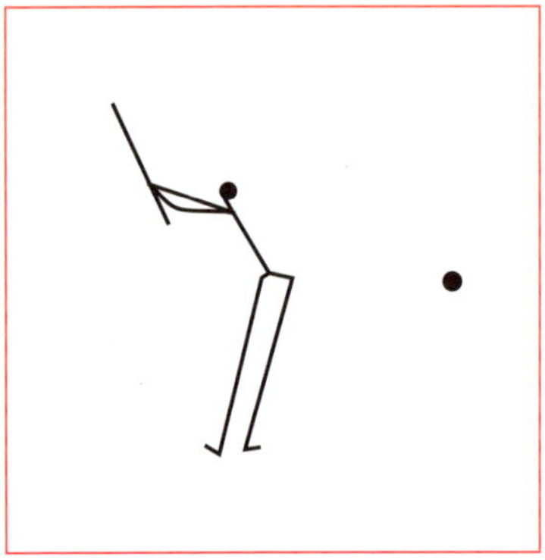

Die Zellen müssen sich,

um sich vervielfachen zu können,

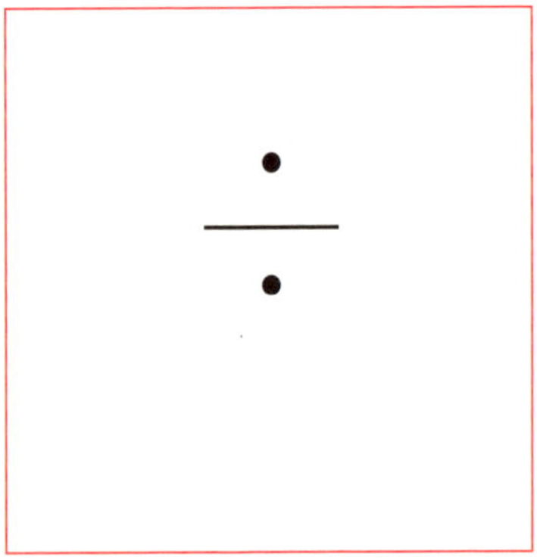

zunächst teilen.

Sie haben deshalb gelernt,
bestens mit diesem Rechenzeichen
umzugehen.

Neun Monate später

ist das Ergebnis ein Kind.

Um dieses Resultat, wie es sich gehört,* in seinen Merk-Kasten setzen zu können,

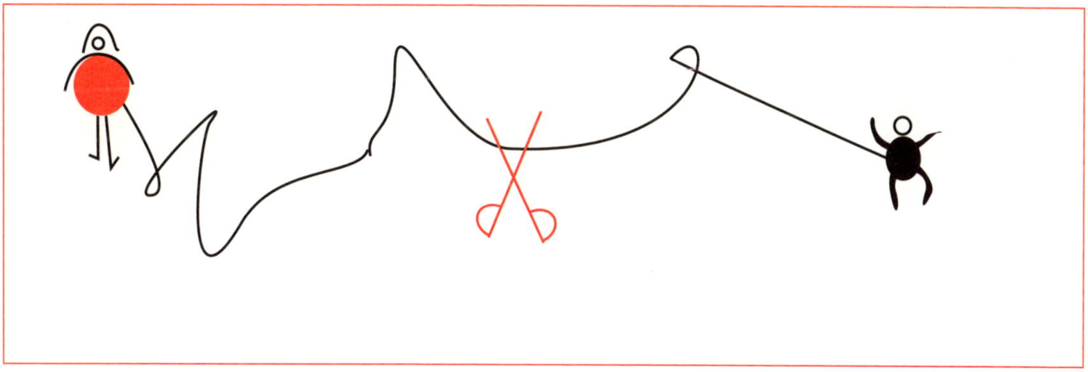

muss es operativ herausgehoben werden. Das ist die Entbindung!!!
Kaum hat es seinen ersten Schrei getan,

zieht man es schon von der Mutter ab.

Somit ist eine Geburt nichts anderes als eine Subtraktion.

* In Frankreich rahmen wir ein Ergebnis ein, in Deutschland unterstreicht man es bloß – so ist das nun mal.

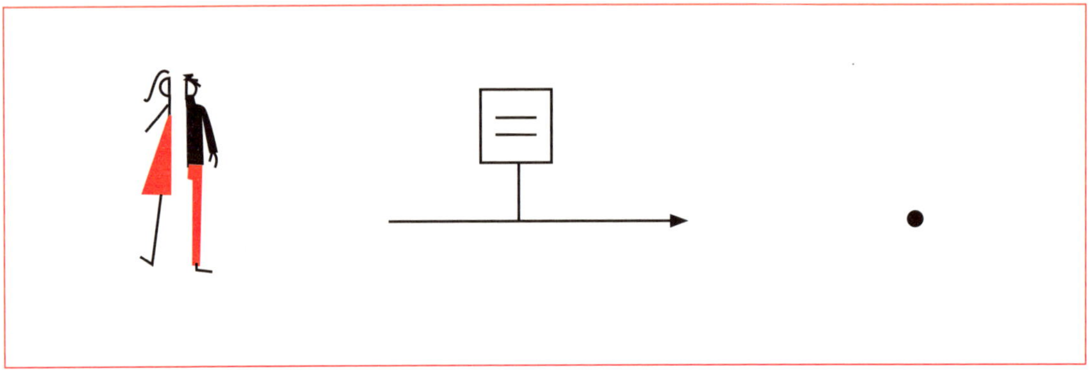

Die Reihenfolge, in der wir die Grundrechenarten am eigenen Leibe erfahren, ohne uns dessen bewusst zu sein …
Befruchtung: erste Begegnung mit dem Gleichheitszeichen.

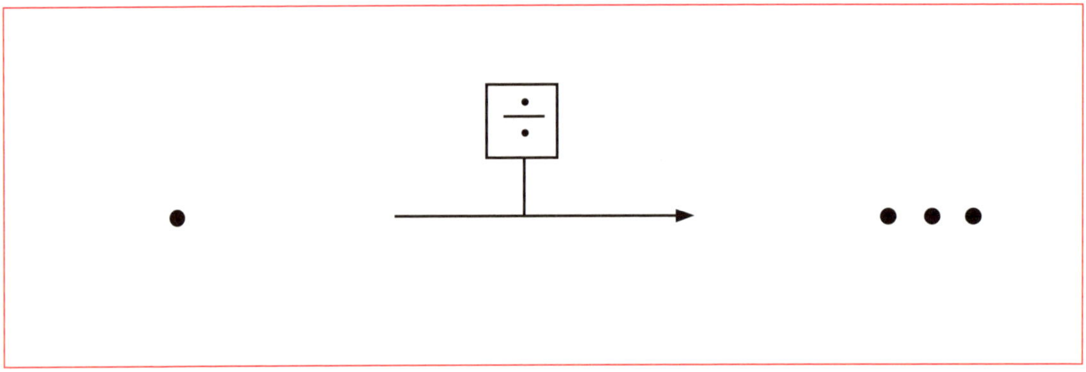

Schwangerschaft: Um sich multiplizieren zu können, müssen sich die Zellen dividieren.

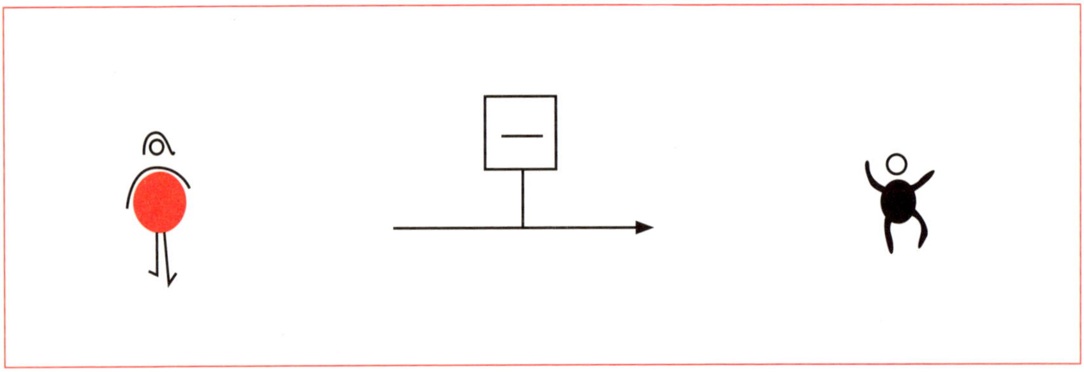

Geburt: Subtraktion!

MORAL

In der Natur steht insofern
alles zum Besten,

als sie nicht auf unseren Verstand
warten muss:

Denn gelangt der endlich
zu einem Schluss,

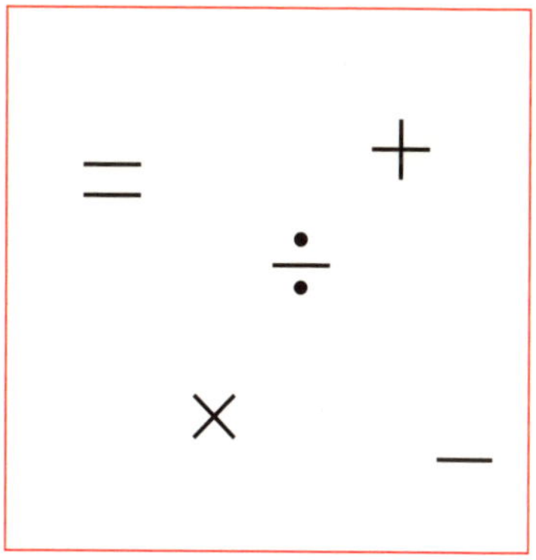

hat sie längst alles schon
von selbst berechnet.

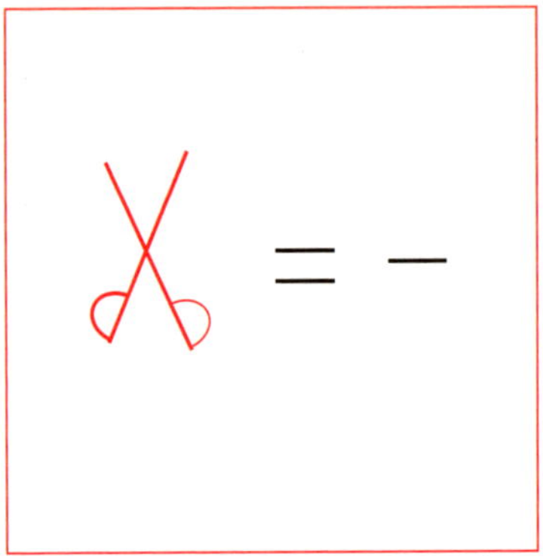

Eine Geburt ist eine Minusrechnung.

Dann heißt es jedoch,
zu leben, zu lieben und zu lesen,
um dies Vorzeichen umzukehren,
sich nicht über Verluste zu beschweren,
sondern den eigenen Gewinn zu mehren:
Der Mensch ist ein mathematisches Wesen.

Über den Ursprung der geometrischen Formen

Kapitel zum Lesen

Geometrie: leitet sich ab vom griechischen *geometria,* »Landvermessung«. Herkömmlicherweise beschäftigt sich die elementare Geometrie mit den Beziehungen zwischen Punkten, Geraden und Kreisen einer Ebene sowie den dadurch erzeugten Objekten im Raum.

Die Subtraktion
einmal heil überstanden,

sieht es sich nun in ein neues
Bezugssystem geboren: die Welt ...

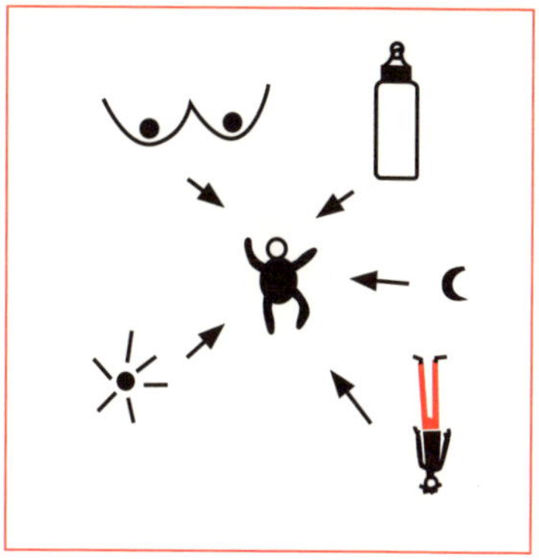

Auge in Auge
mit lauter Unbekannten.

Sosehr seine Eltern sich auch
bemühen,

sich zu koordinieren
und ihm klare Maßstäbe zu bieten,

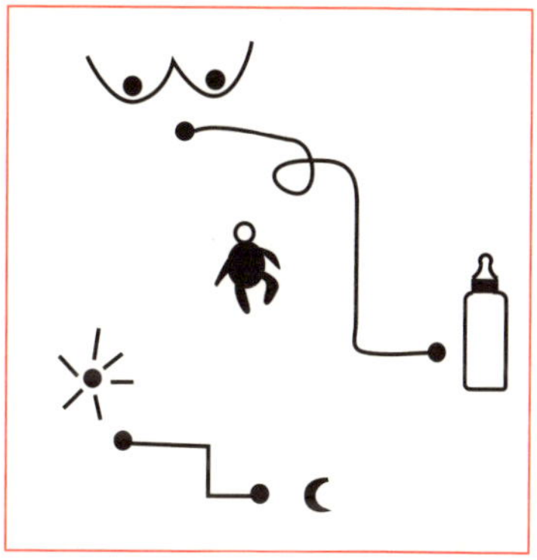

muss ein Kind dennoch
seine Gleichungen selber lösen.

Weil es aber noch nicht artikulieren
kann, wie es ihm dabei ergeht,

zeichnet es eben auf,
wie es um seine Erfahrungen steht.

Gebt ihm ein Blatt Papier
und einen Stift,

und kaum dass es damit was anfangen kann,

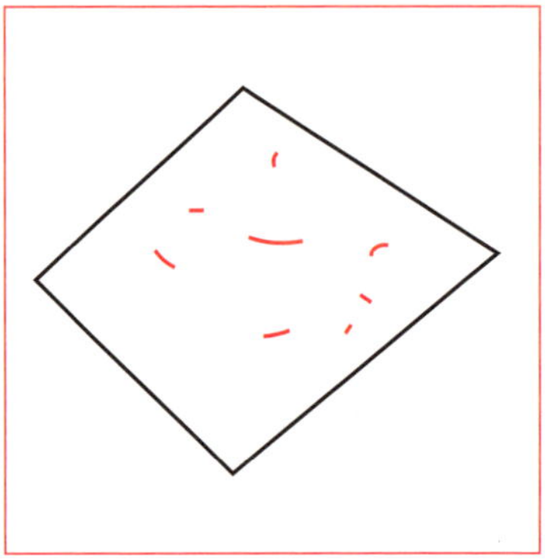

werdet ihr die ersten Punkte sehen.

Ein Jahr später,

mitten in der Lernphase begriffen,

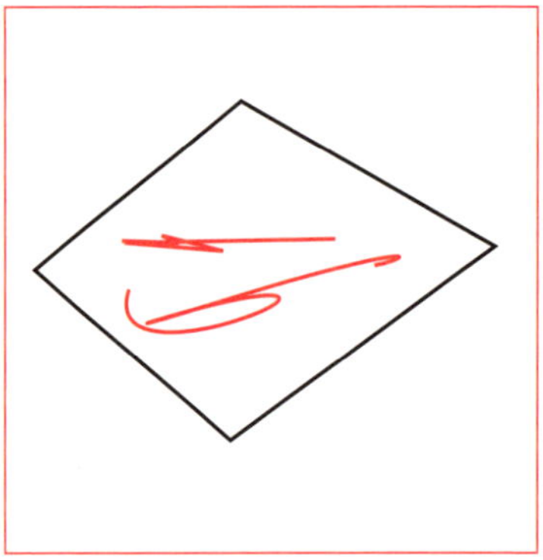

entwickeln sich daraus schon Striche.

Einmal aber zum Dreikäsehoch geworden,

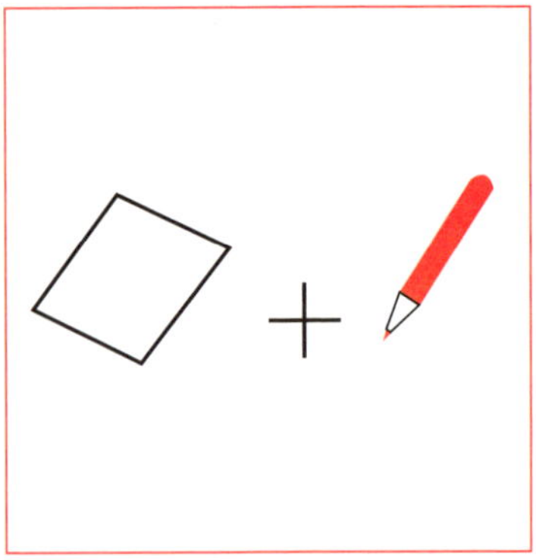

drücke man ihm erneut Papier und Stift in die Hand –

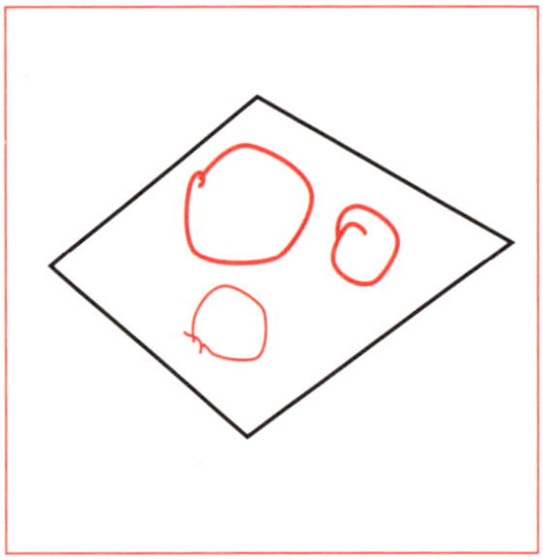

und bald werden Kreise zu erkennen sein, das heißt: ein »Ich«.

Denn dank seiner Erfahrungen

und diverser Nachrichten
aus dem Reich der Erwachsenen

hat das Kind etwas begriffen:

Es ist nicht das Gleiche

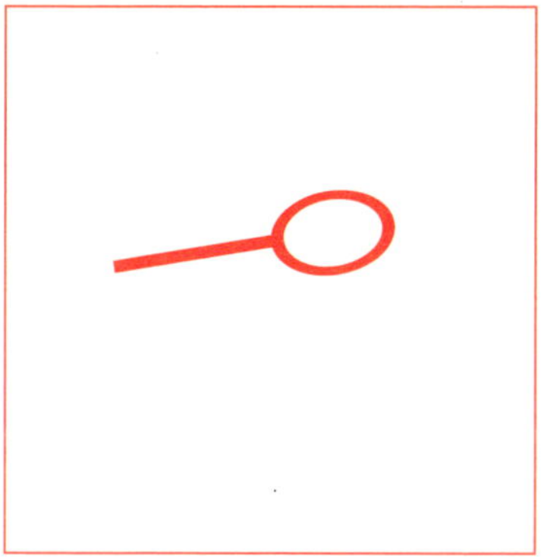

wie ein Löffelchen.

Die Welt teilt sich:

in das, was es ist,

und all das, was es nicht ist.

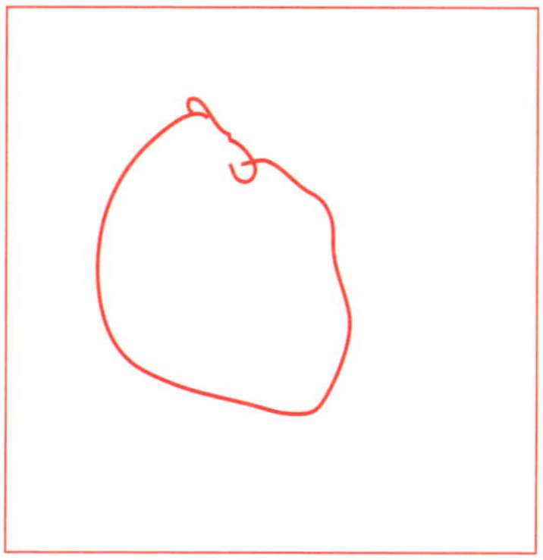

Schließt es das kurz
zum Kreis,

ist das der Moment, in dem es zum
ersten Mal triumphierend »ich« sagt.

MERKE

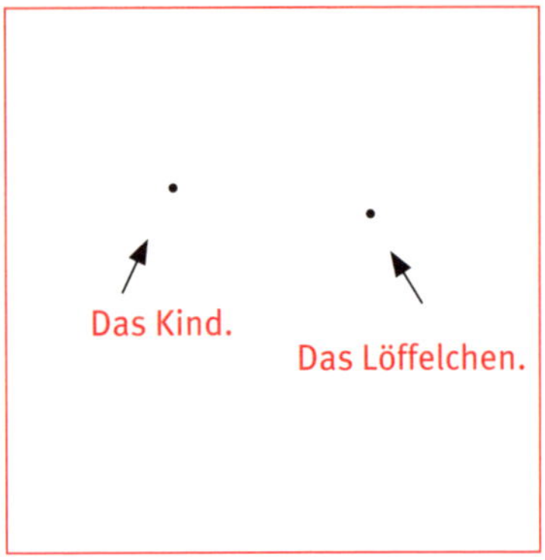

Damit die Unbekannten aufhören,
unbekannt zu sein,

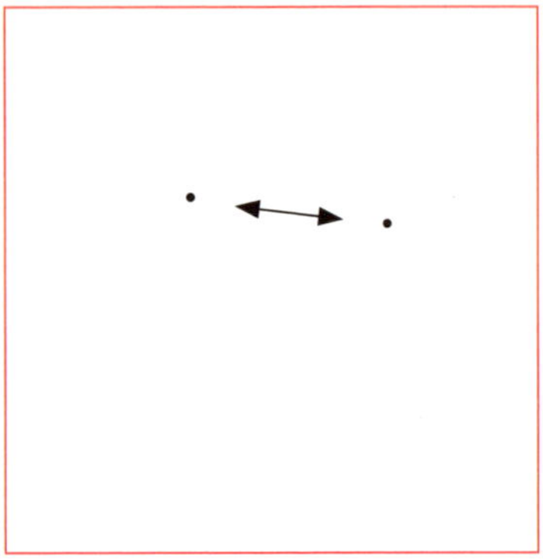

müssen sie zueinander
in Beziehung gesetzt werden.

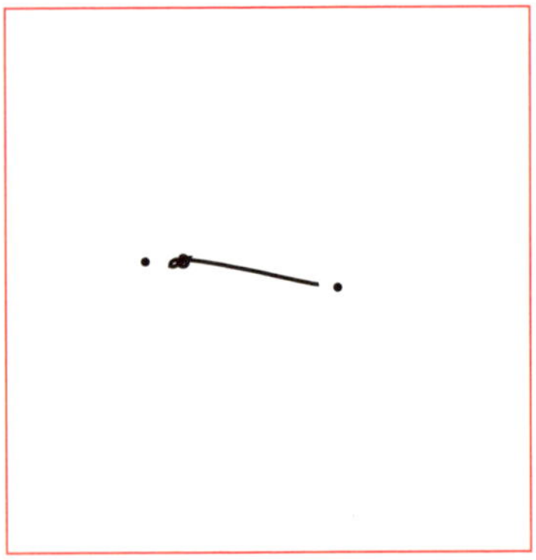

Die Lernphase beginnt

mit dem Hin und Her
zwischen einzelnen Punkten.

Ein Strich wird so zur Strecke,
dem zurückgelegten Weg
zwischen zwei Begrenzungspunkten.

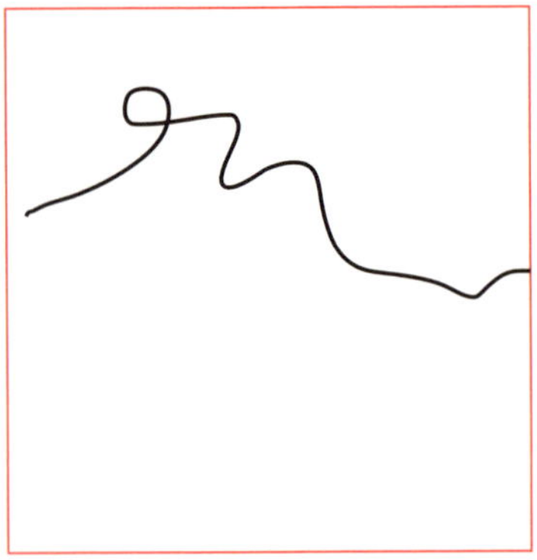

Er hört aber bald auf,
nur mehr eine Verbindungslinie
zwischen zwei Punkten darzustellen;

er gewinnt an Selbständigkeit,
ufert zu Wellen aus,

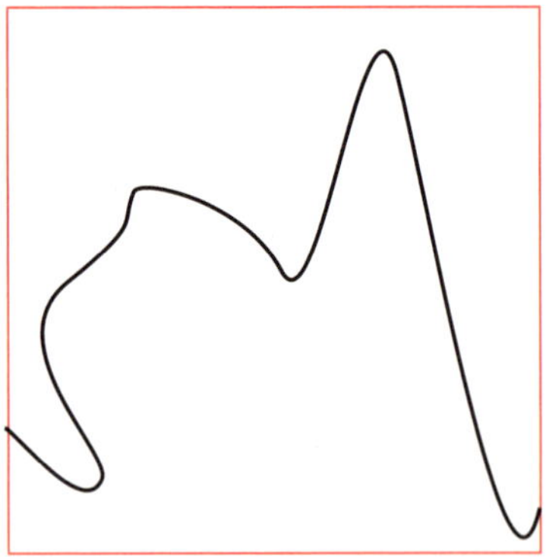

gewinnt Land, schreitet voran,
zeichnet Gipfel und Täler
und verläuft sich.

Bis plötzlich
ein Sonderfall eintritt:

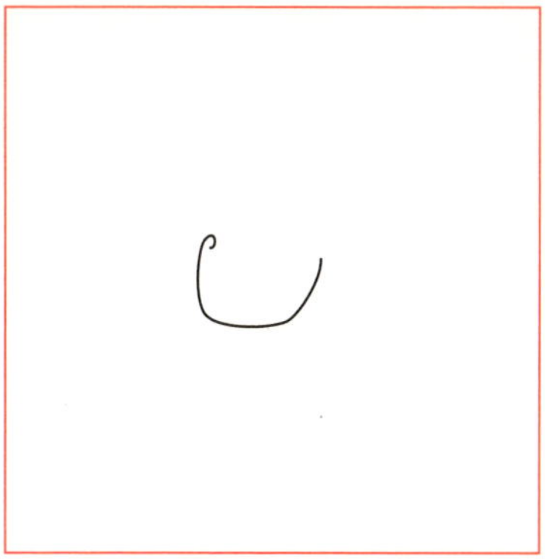

dann nämlich, wenn eine Linie
sich auf sich selbst zurückführt,

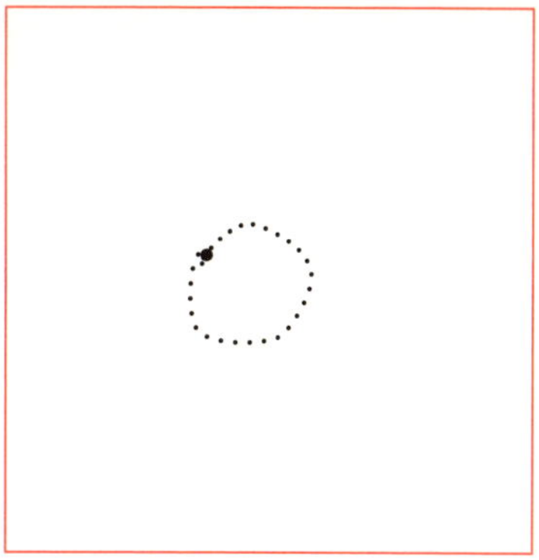

der Ausgangspunkt
zum Endpunkt wird

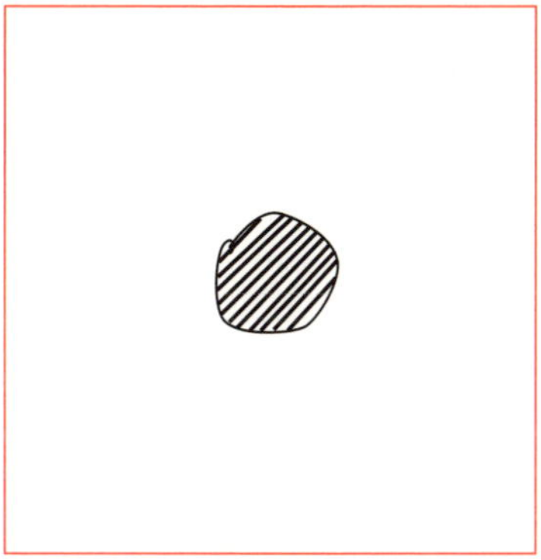

und ein Inneres sich vom Rest abtrennt
durch die Linie, die es umgrenzt.

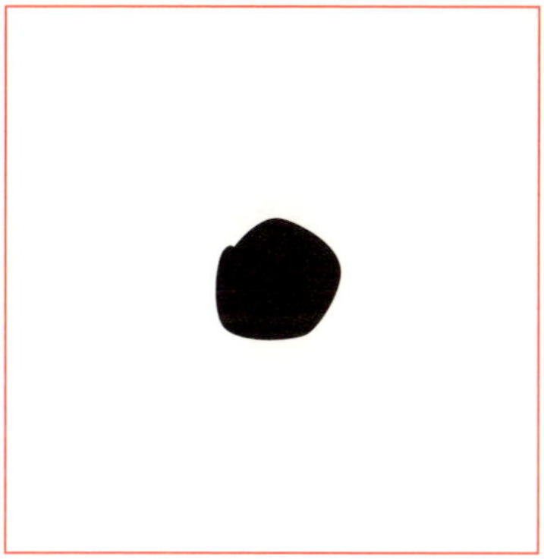

So entsteht das Ganze einer
»Form«, eine »Figur«.

FRAGE

Warum sind Punkt,
Linie und Kreis

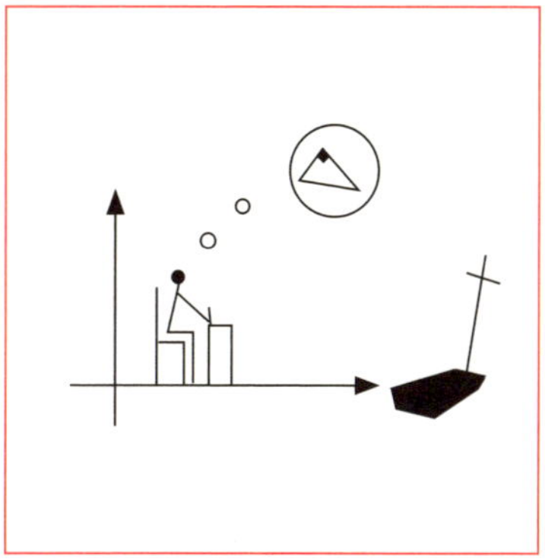

– jene Dinge, die das Leben
der großen Mathematiker
vereinnahmt haben –

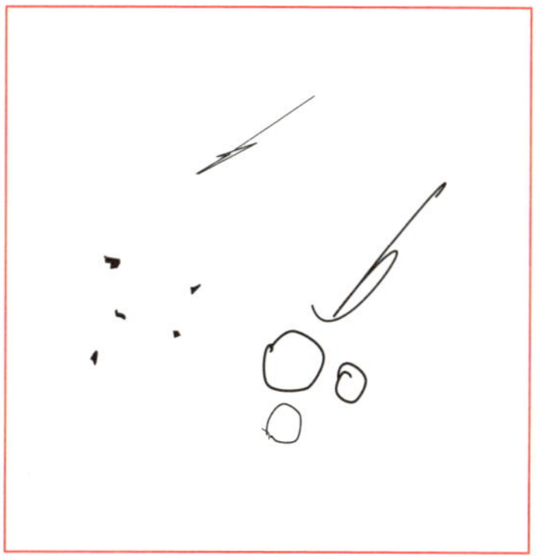

die ersten Formen,
die man zeichnet?

Über den Ursprung der Logik

Kapitel, das daran erinnert, weshalb der Mensch sich wohl oder übel der Logik bedienen muss ...

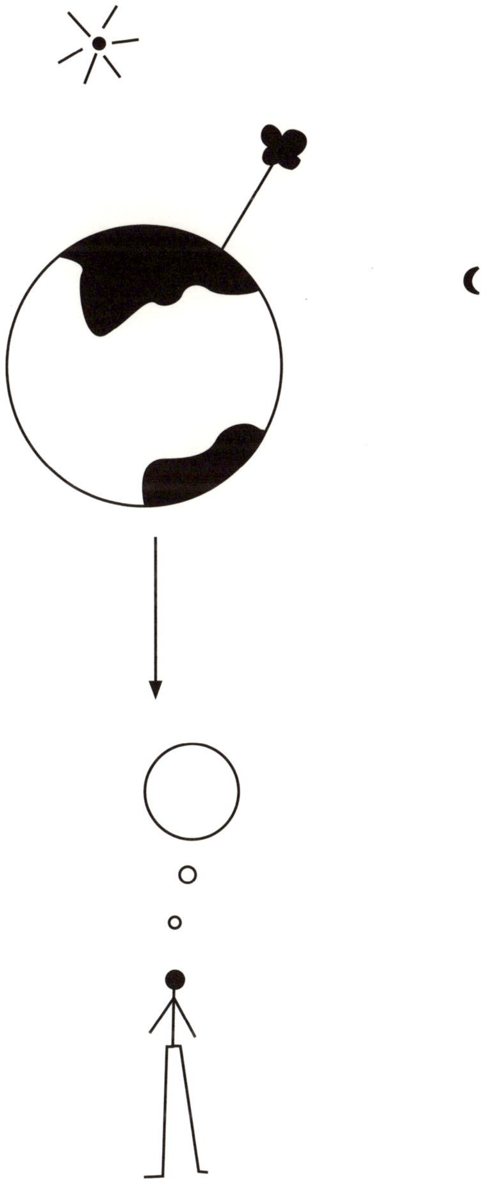

Logik: leitet sich ab vom griechischen *logos,* »Vernunft«.
Die Logik ist die Wissenschaft vom Schlussfolgern, unabhängig von der Materie, auf die sie angewandt wird.

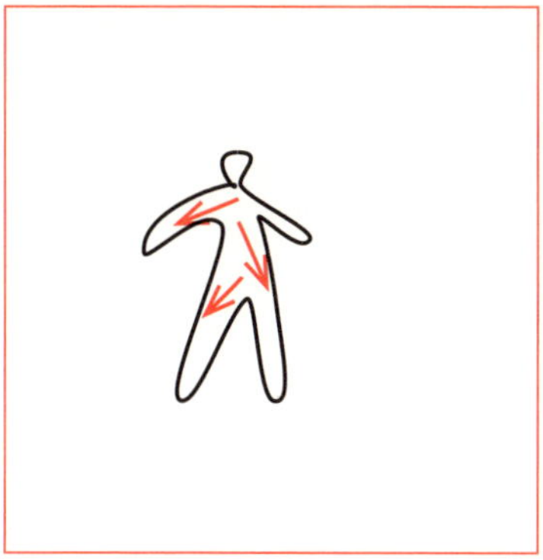

Was einen Menschen ausmacht
ist seine Innenwelt

und seine Umwelt.

Die Grenzlinie dazwischen

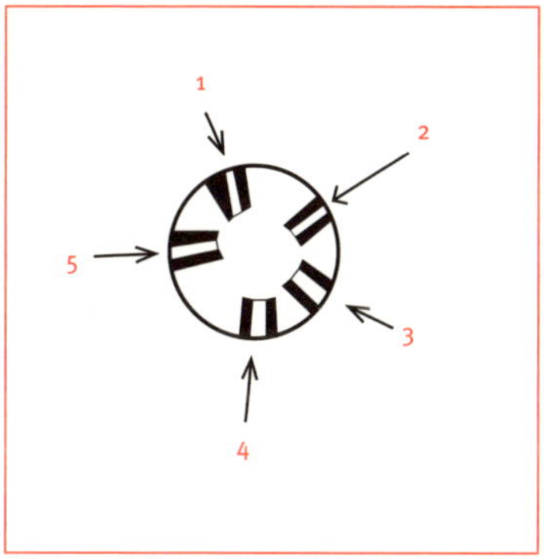

weist fünf Übergänge auf,
die man »Sinne« nennt.

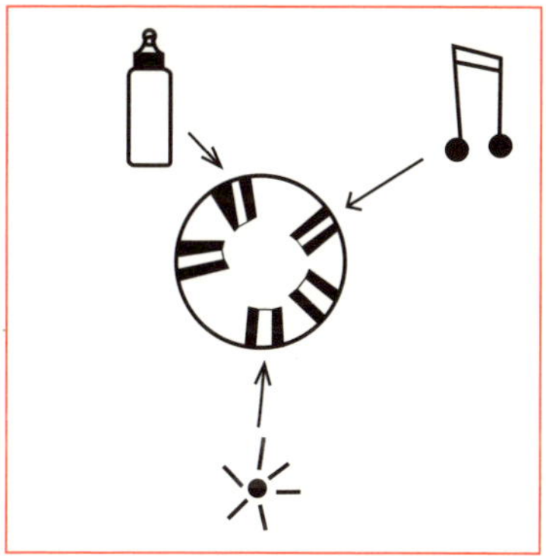

Durch sie kann etwas
von außen nach innen gelangen –

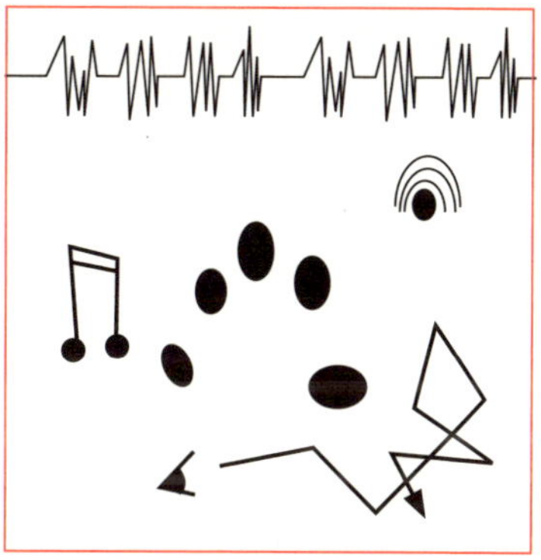

aber das ist kompliziert,
denn dabei deformiert sich alles …

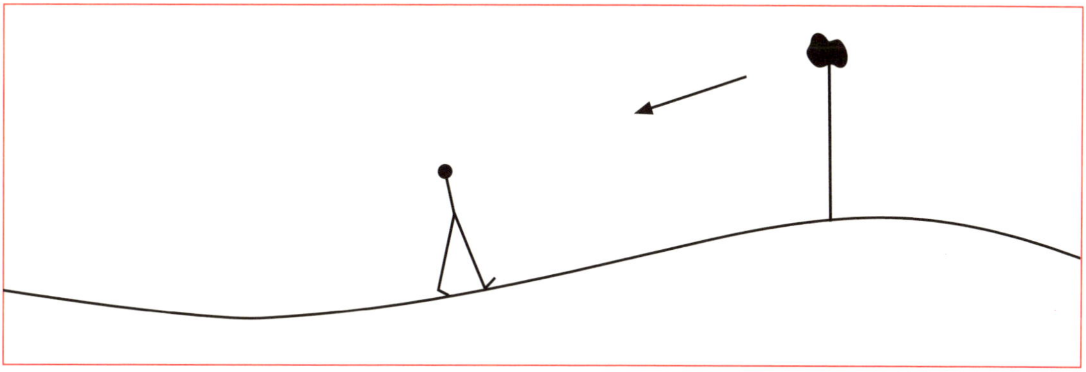

Man versuche nur, einen Baum ins Gehirn zu bringen!

Auch dass unsere Vorfahren
so lange gebraucht haben,

um zu erkennen,
dass die Erde rund ist,

lag an den Abstufungen
unserer Wahrnehmung:

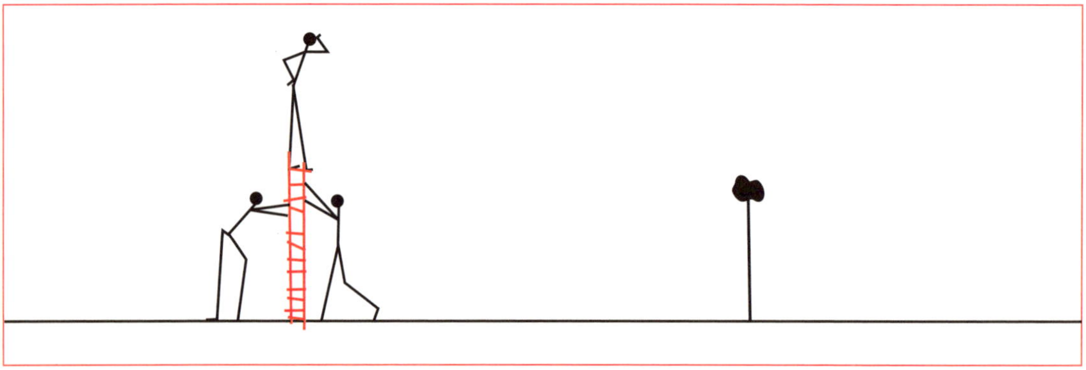

Als Stufenleiter ist sie wenig vertrauenerweckend –
und schon gar nicht maßstabsgerecht!

Sicher ist nur, dass der Mensch

aufgrund der Subtraktion
seiner Geburt

sich im Innersten leer fühlt.

Deshalb lässt er keine Gelegenheit aus, um sich zu füllen.

Er verschafft sich Zugriff auf alle möglichen äußerlichen Dinge,

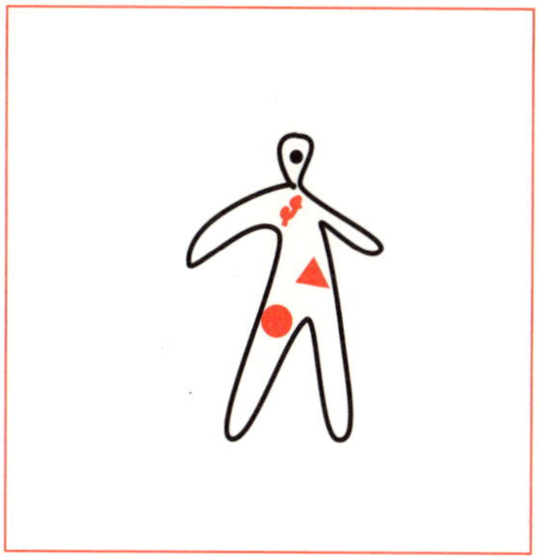

um sie sich einzuverleiben, das heißt zu »begreifen«.

Zu diesem Zweck verfügt er über eine spezielle Begabung: das Denken,

das ihm theoretisch helfen sollte, sämtliche Gegebenheiten auf eine Weise zu verknüpfen,

die von gesundem Menschenverstand zeugt,

damit alles seinen schlüssigen Lauf nimmt.

Das Problem ist bloß, dass das Denken

in der Regel völlig undiszipliniert vonstatten geht!

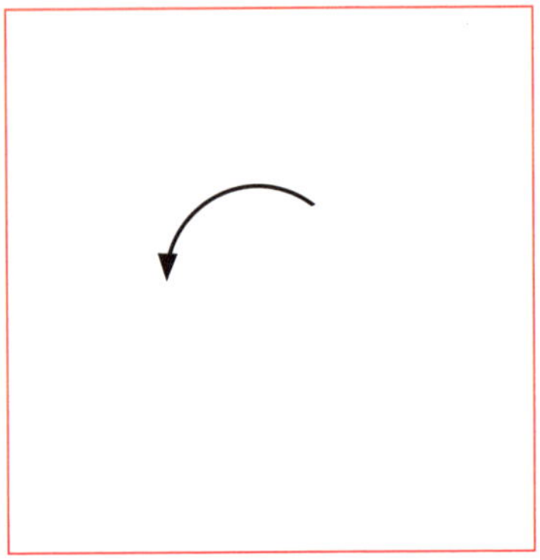

Anfangs mag ein Gedanke zwar noch

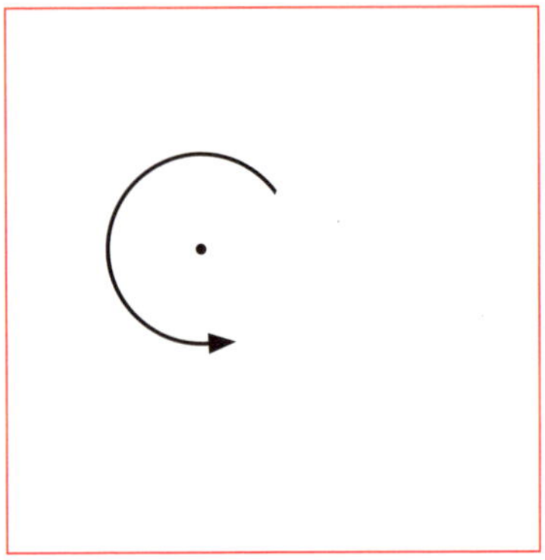

konzentriert eine folgerichtige
Bahn beschreiben.

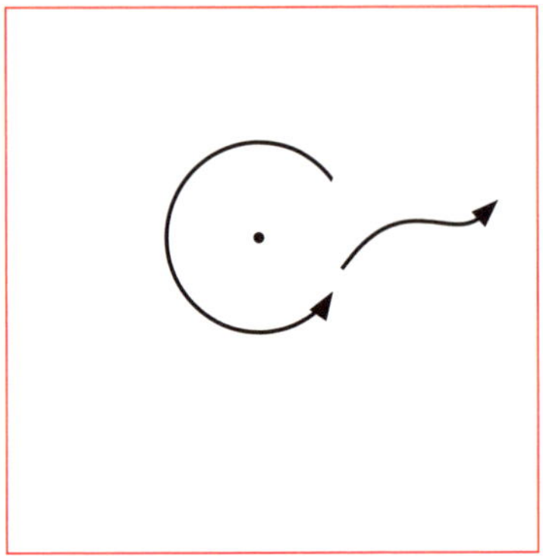

Doch dann: paff!
Schon wird er exzentrisch,

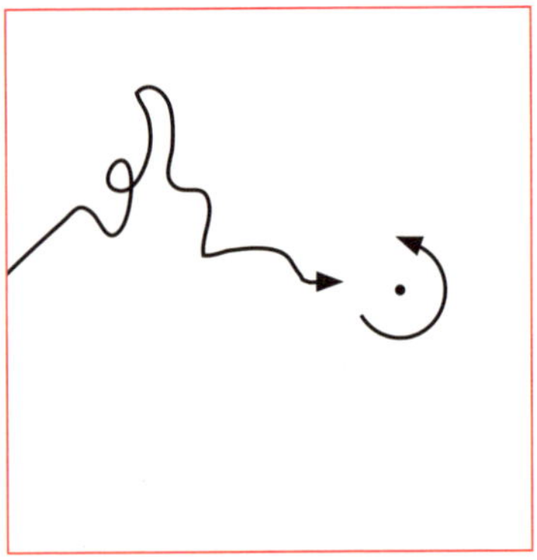

weil bereits vom nächsten Gedanken
in Bann gezogen.

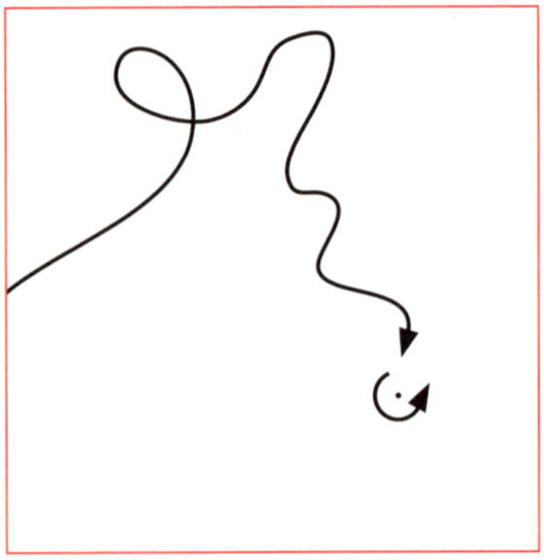

Und wieder: paff!

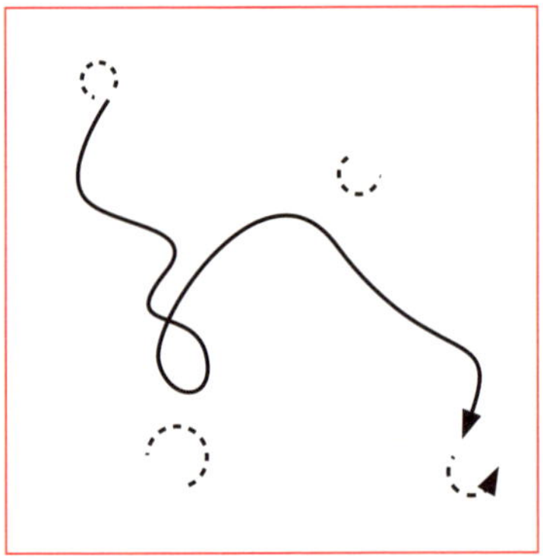

Und: Paff! Paff! Paff! Paff!

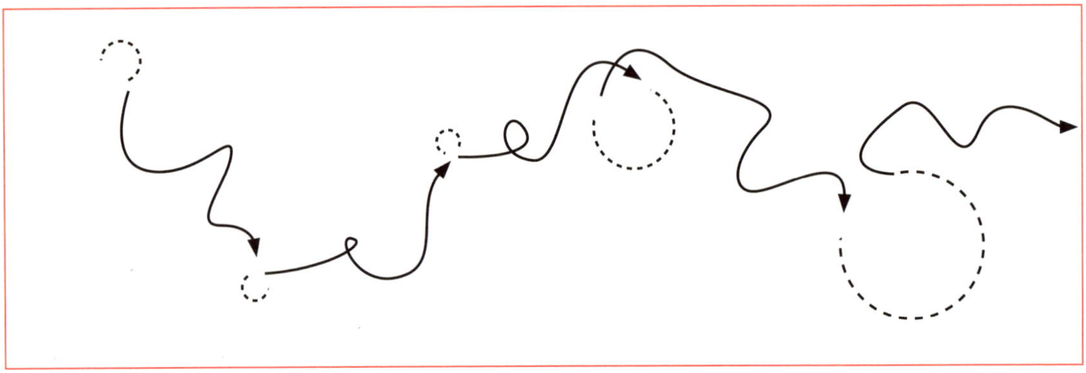

Paff! Paff! Paff! – Da bist du baff …

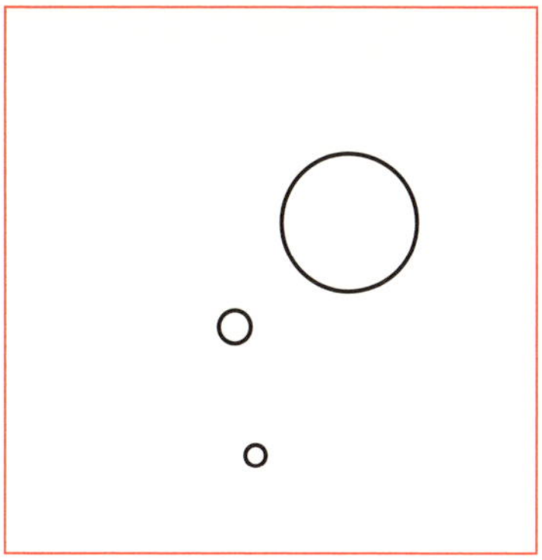

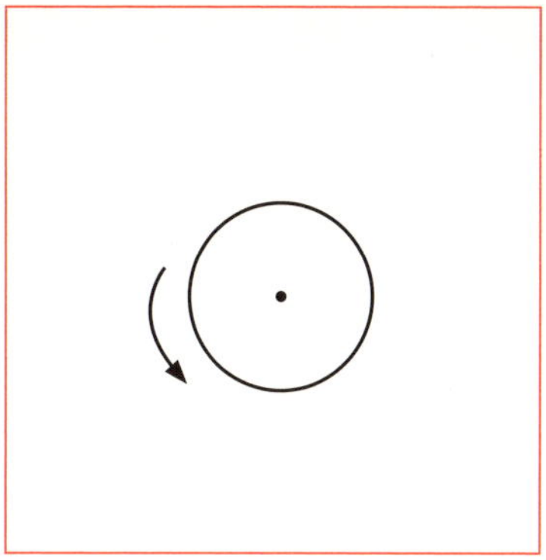

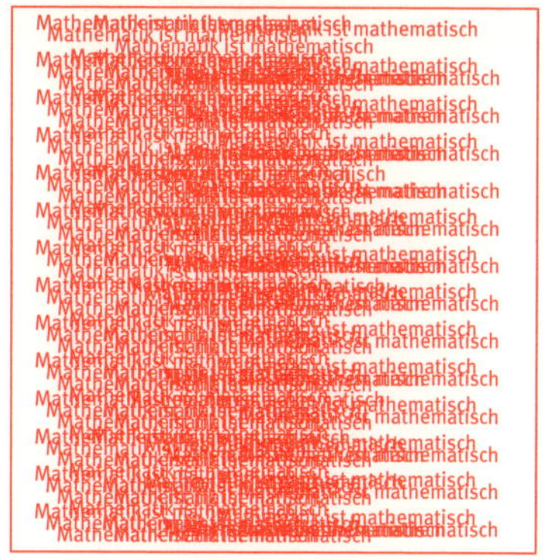

Wäre das Denken zirkulär, würde es nur Tautologien produzieren ...

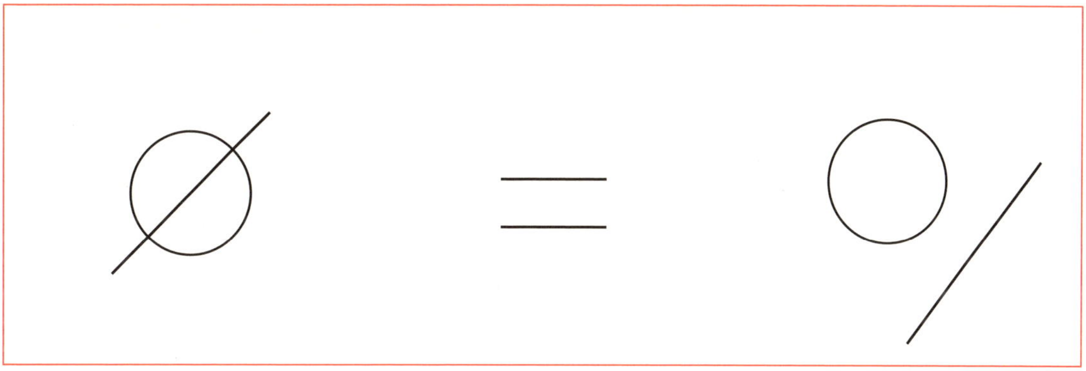

Die Leere resultiert weniger aus einem Mangel an Elementen
denn aus einem Mangel an Verbindungen zwischen den Elementen.

Um dieser Plage von sozusagen leeren Hirnen abzuhelfen ...

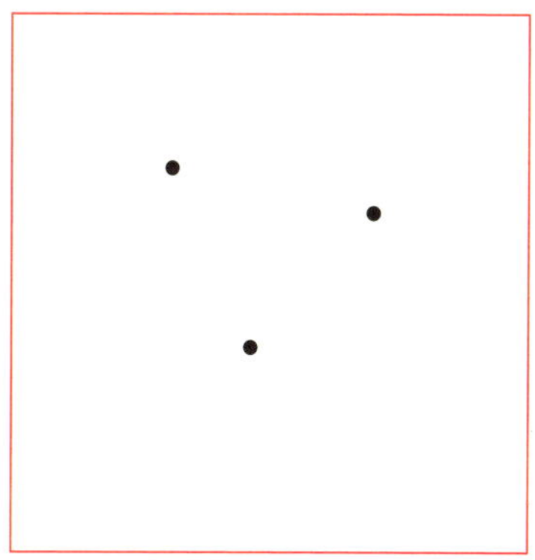

(Obwohl, strenggenommen,
kein Gehirn leer ist, es kann nur noch
keine Verbindungen herstellen.)

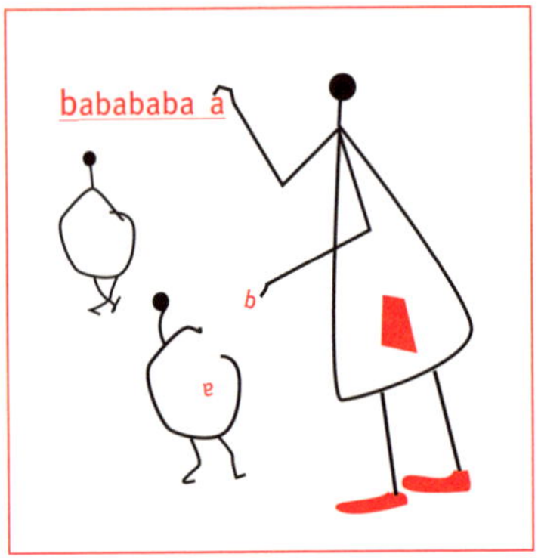

... pflanzt man solchen Köpfen mathematisches Saatgut ein –

und zwar so früh als möglich, also mit Einsetzen des Verstands (möglichst bei Schulbeginn),

damit sie von selbst zu eigenen Schlussfolgerungen gelangen.

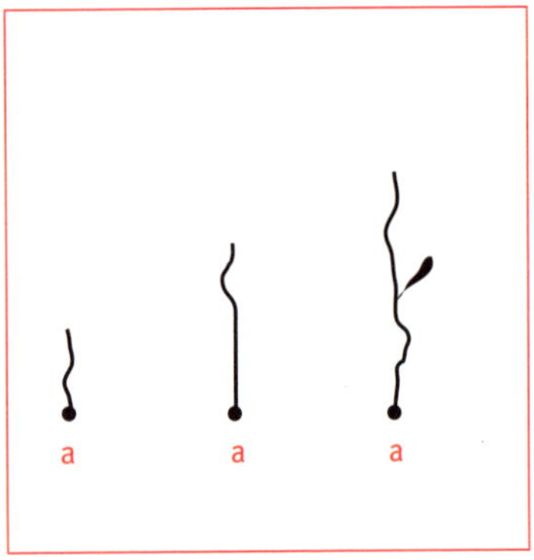

Es ist dies eine Saat, die aufgeht, gemäß der Logik des geraden Wegs,

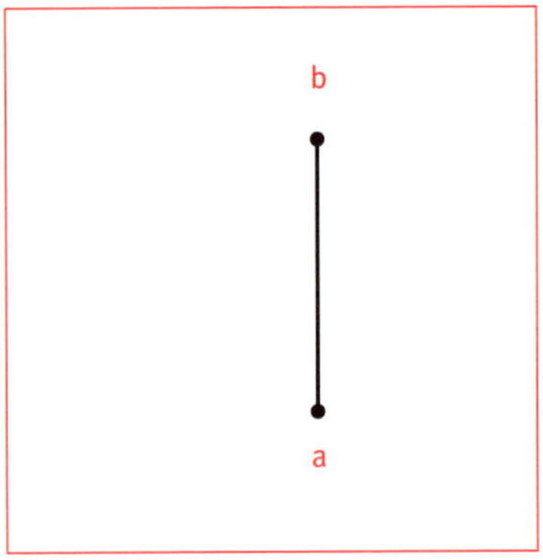

der sich dann als die kürzest mögliche Verbindung zwischen zwei Punkten erweist.

BEISPIELE VON MITTELS SOLCHEM SAATGUT AUFGEPÄPPELTEN GEHIRNEN

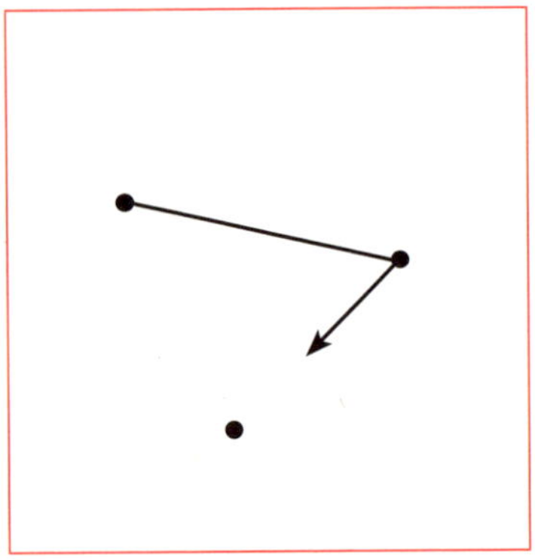

Im Entstehen begriffener Gedanke: Er versucht, Verbindungen zwischen Punkten herzustellen.

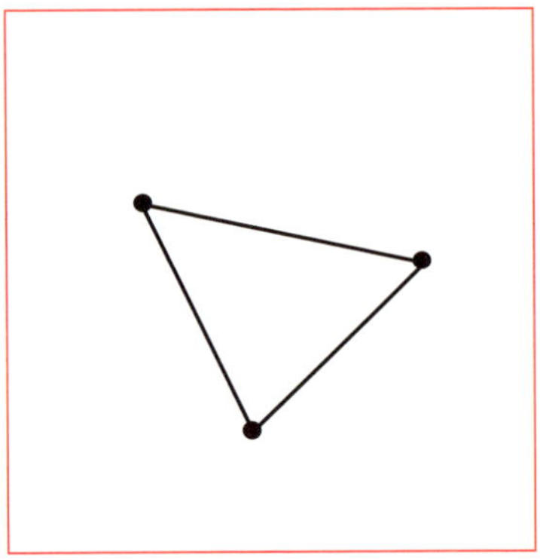

Schlussfolgerungen: Der Gedanke stellt so viele Verbindungen her, wie es Punkte gibt.

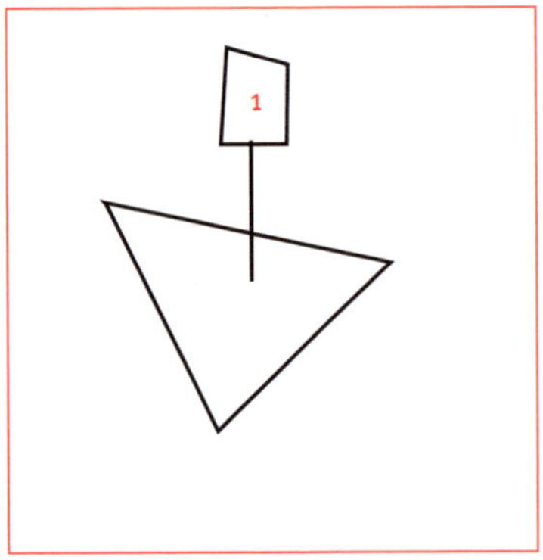

So entsteht schließlich ein Ganzes. Das ist einfach: eine Operation ersten Grades.

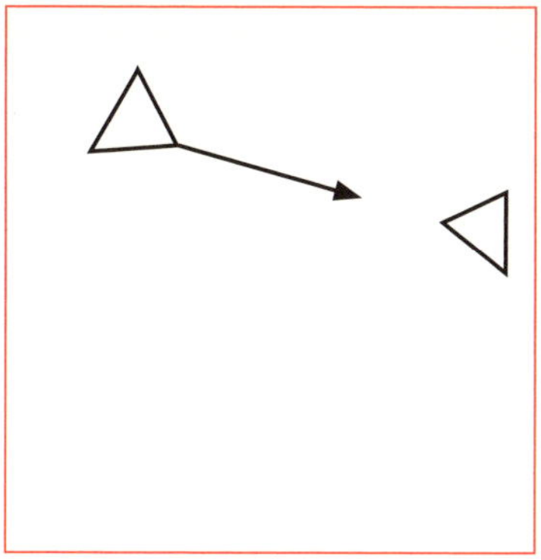

Eine Schlussfolgerung zweiten Grades
heißt: Das Denken verknüpft

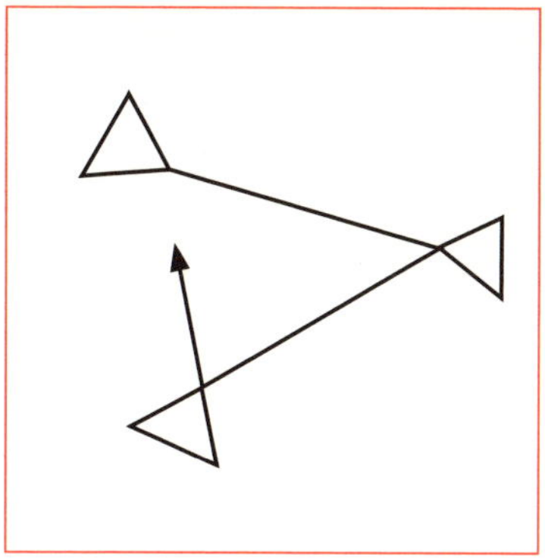

ehemals komplizierte Formen,
die sich vereinfacht haben,
nun miteinander.

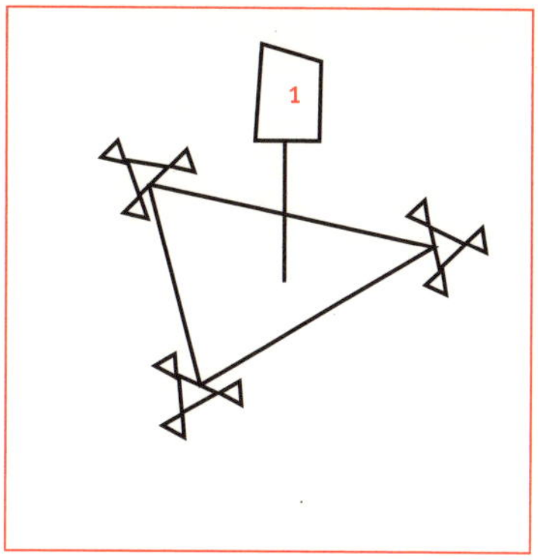

Damit landet man erneut bei einer
Operation ersten Grades
und so weiter und so fort …

So sieht ein autodidaktisch
geschultes Gehirn aus.

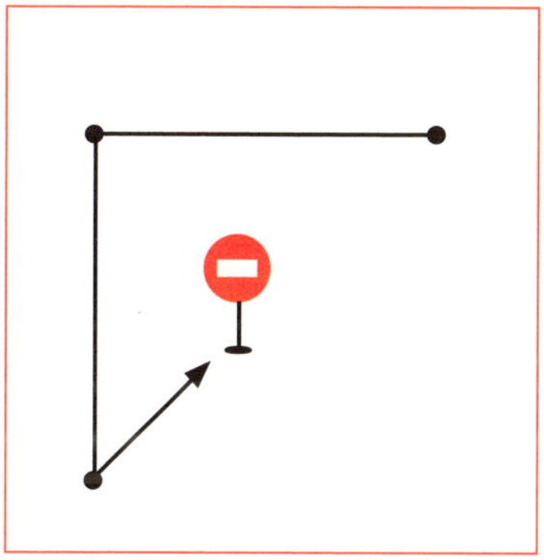

Um falsche Abkürzungen

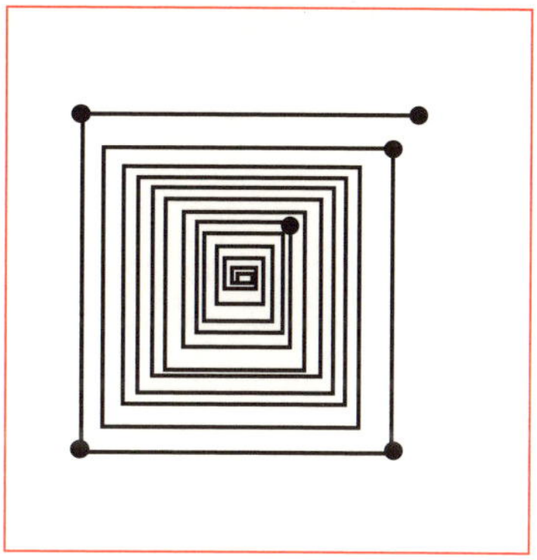

oder allzu lange Umwege
zu vermeiden,

bei denen man mit dem Kopf bloß
gegen die Wand rennen würde,

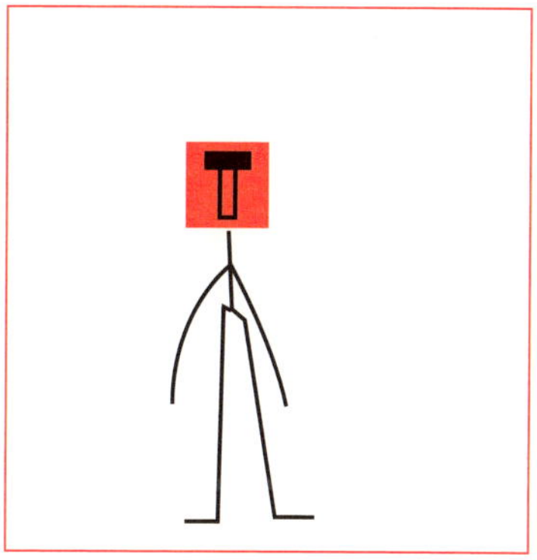

weil das Denken so
in eine Sackgasse geriete,

muss man Verbindungen herstellen,

dem logischen Prinzip
der »Widerspruchsfreiheit« gemäß.

PRINZIP DER WIDERSPRUCHS-FREIHEIT

Einmal denkt man A,

ein andermal wieder B.

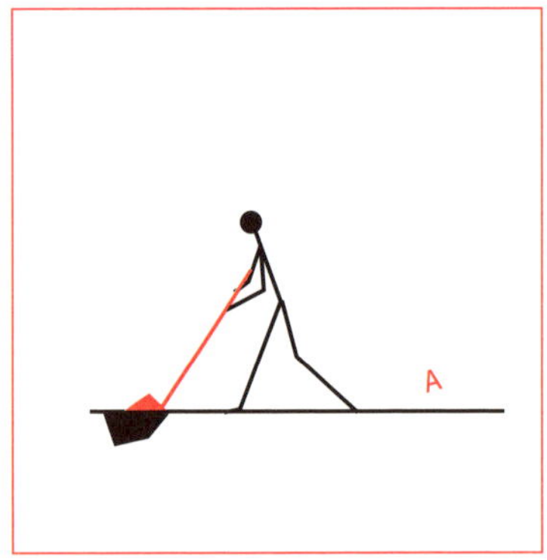

Statt A dann jedoch zu ignorieren
und es unter den Teppich zu kehren,

als hätte es nie existiert,

und sich zu sagen: »Es ist sicher B,
etwas anderes ist gar nicht möglich!«,

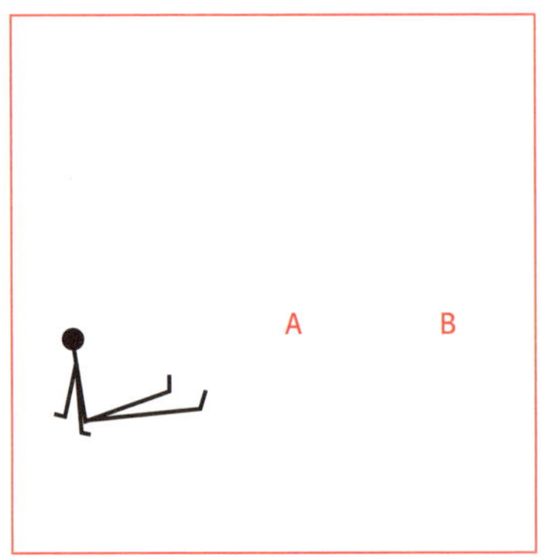

sieht man sich A und B
besser von allen Seiten an

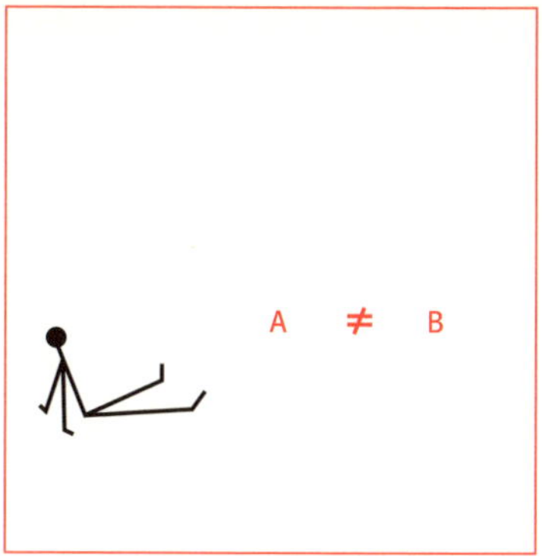

samt allen Widersprüchen,

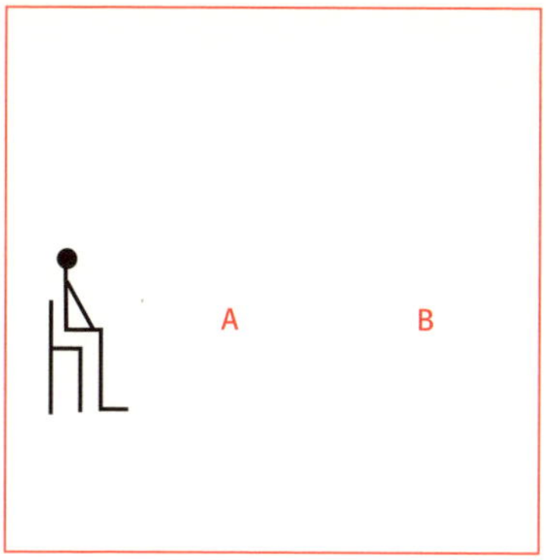

und betrachtet sie
als zwei Spezialfälle,

die sich einem generellen Prinzip
unterordnen lassen.

Nur so, mit dem rechten Abstand
und aus dem richtigen Winkel,
erschließt sich ein ganzes ABC!

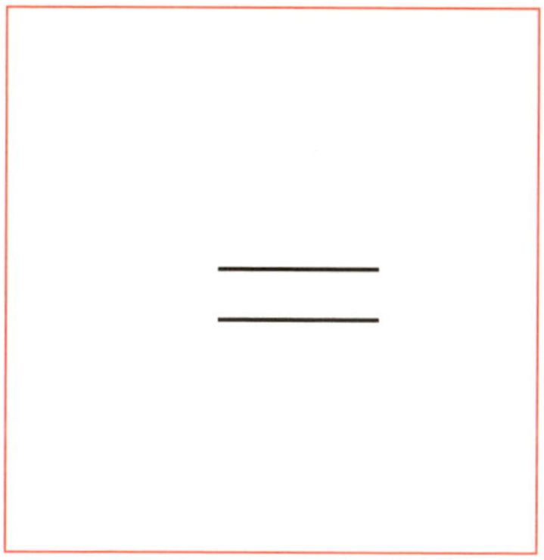

Die Moral dieses Beispiels ist:

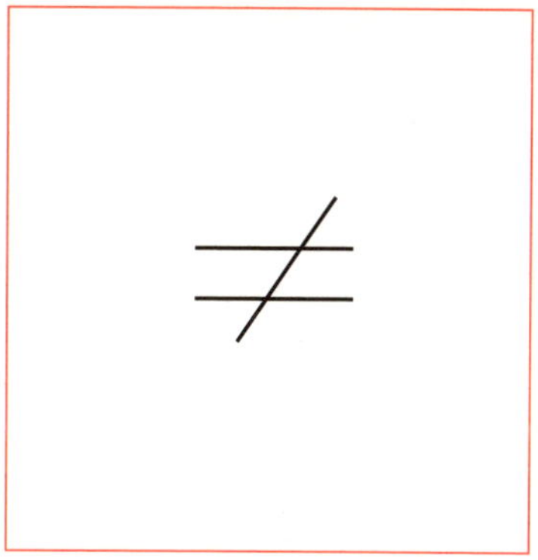

Mit jedem Widerspruch
eröffnet sich eine neue Dimension.

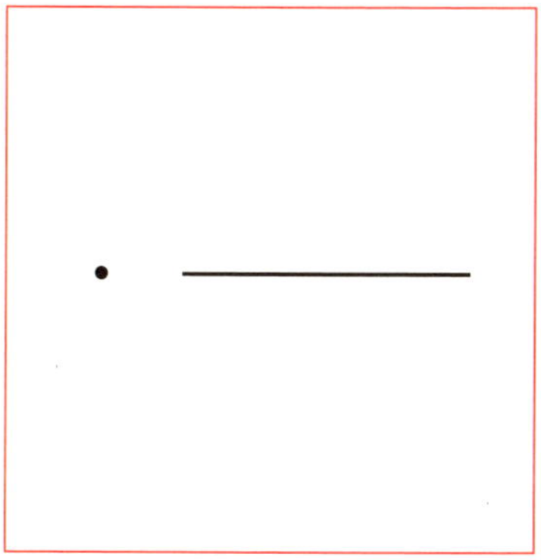

Punkt. Und Gedankenstrich.

ENDE DES PRINZIPS DER WIDERSPRUCHS-FREIHEIT

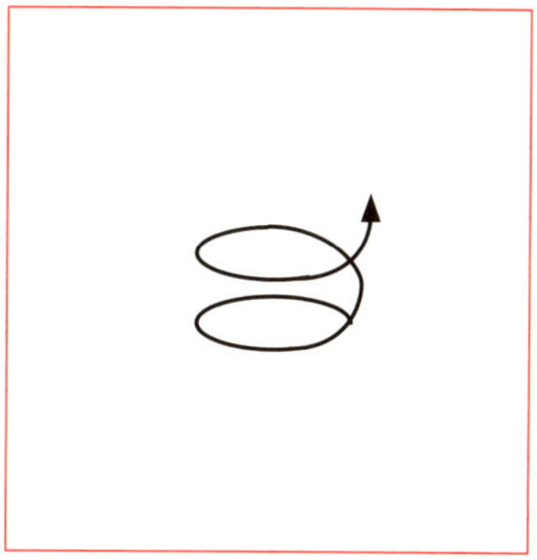

Um zirkulärem Denken zu entgehen
und spiralförmig
nach oben zu gelangen,

muss man sich
im ewig gleichen Kreis ergehen.

Ganze Tage und Nächte werden derart
vergehen, um stufenartig
intellektuelle Höhen zu erlangen.

Also schraube man allmählich sich
hinauf: Nur durch stetes Wiederholen,
nimmt man Hürden im Lauf!

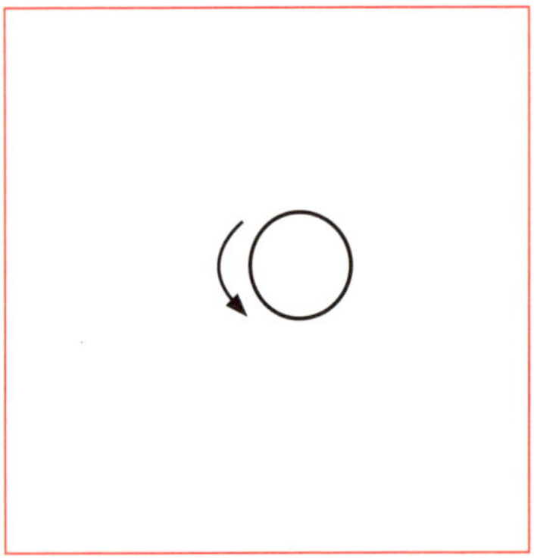

Das Denken kann sich so erholen,
es muss sich nimmer nur
auf eines konzentrieren

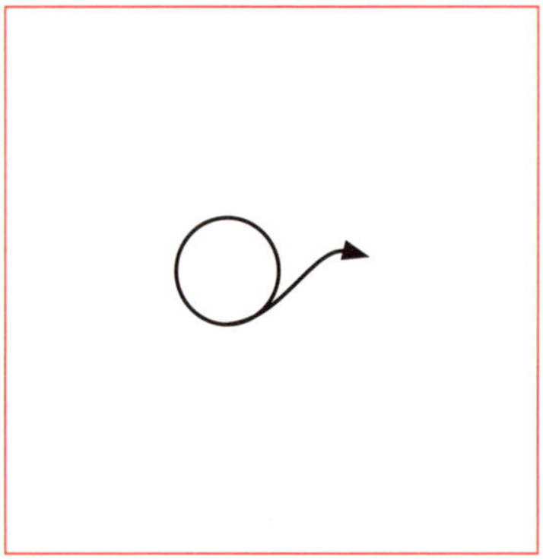

und beginnt
wie bei einem Kanon zu tirilieren,
ohne den Grundtakt zu verlieren ...

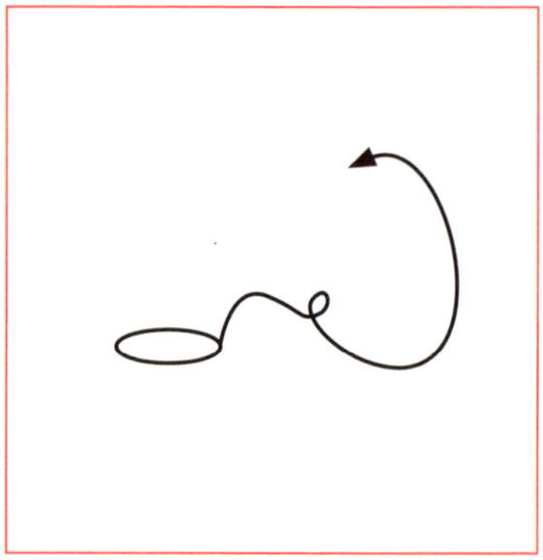

Es tut einen Schritt zurück,
und schon öffnet sich ein anderer
Blick.

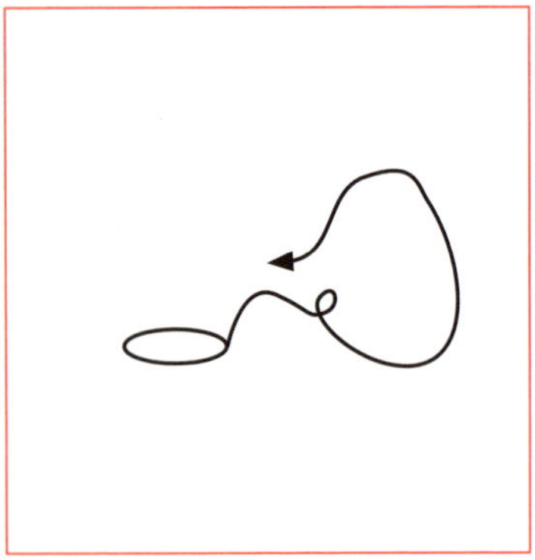

Und dann, dem alten Trotte
zugewandt, ganz als wäre nichts
gewesen, schließt sich der Kreis
zur rechten Hand.

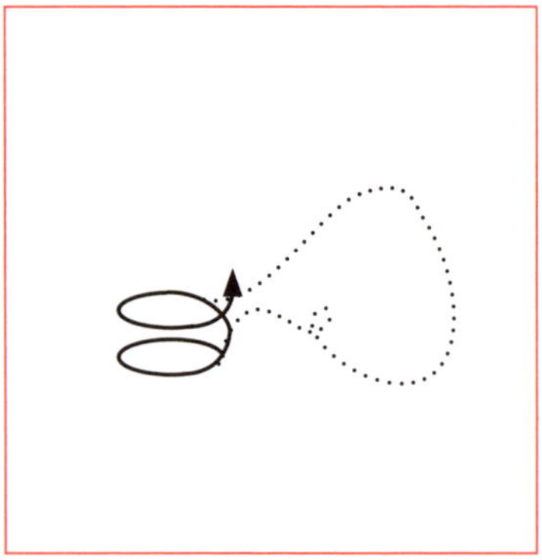

Der Höhengewinn bei diesem
Spiralgewinde

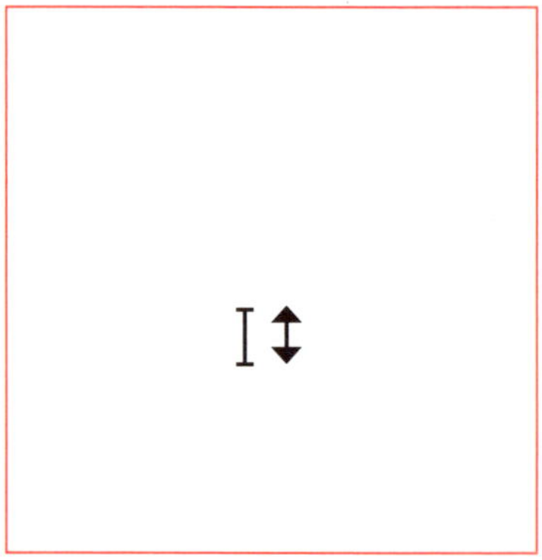

ist eines freien Geistes Kinde.

ÜBUNG IN DER ANWENDUNG DES GLEICHHEITS- ZEICHENS

Oberflächlich ins Auge gefasst,
erkennt man bloß
zwei parallele Geraden.

Unnötig zu erwähnen,
dass sie keinen Schnittpunkt haben.

Bravo – das scheint ja wirklich
ein passendes Symbol
für ein Gleichheitszeichen!

Außer man betrachtet es perspekti-
visch: Von oben gesehen,
laufen sie dann nämlich zusammen.

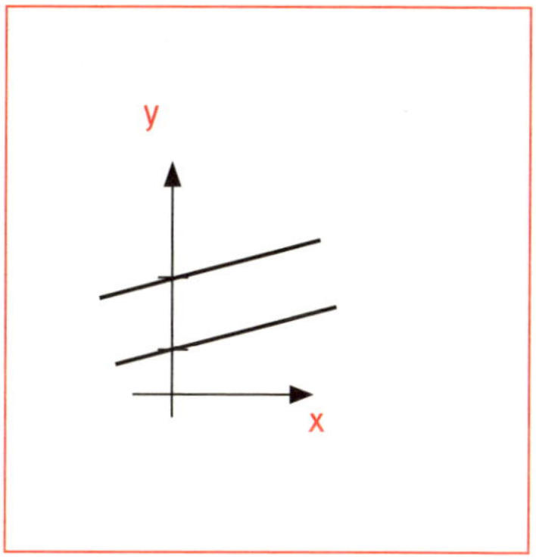

Und noch etwas: In einer Ebene
liegend, haben sie eines gemein –

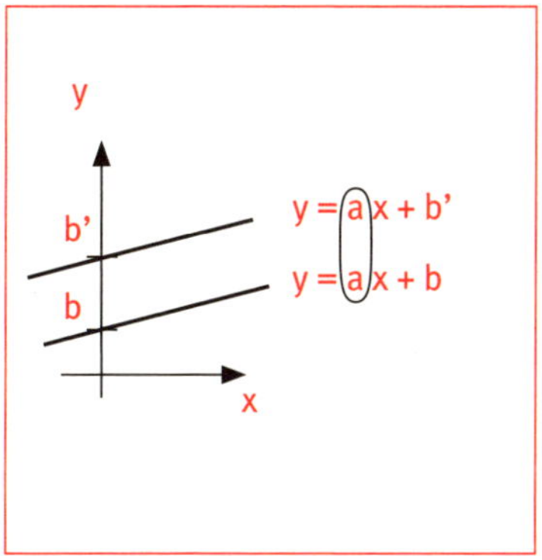

den Richtungskoeffizienten.

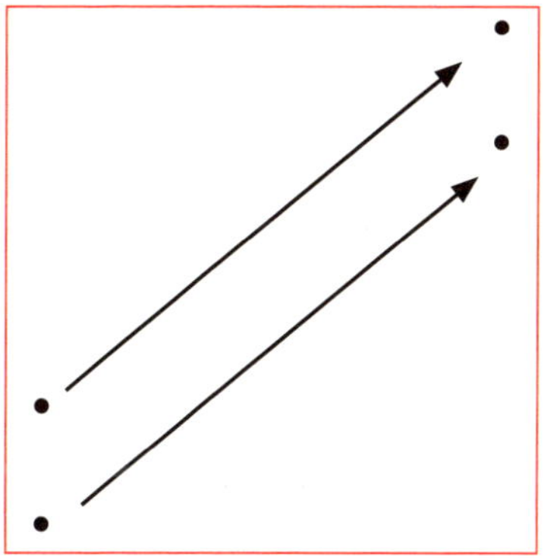

Die Idee der Gleichheit hängt folglich
von der Richtung ab,
dem Punkt, auf den sie abzielt.

Das Gleichheitszeichen
ist eine Art Leitlinie:
Sie wird durch einen Koeffizienten
bestimmt.

Doch das musste erst mal
bewiesen werden.

Eine besonders bemerkenswerte Gleichheit schließlich

ist eine, die Abkürzungen aufzeigt.

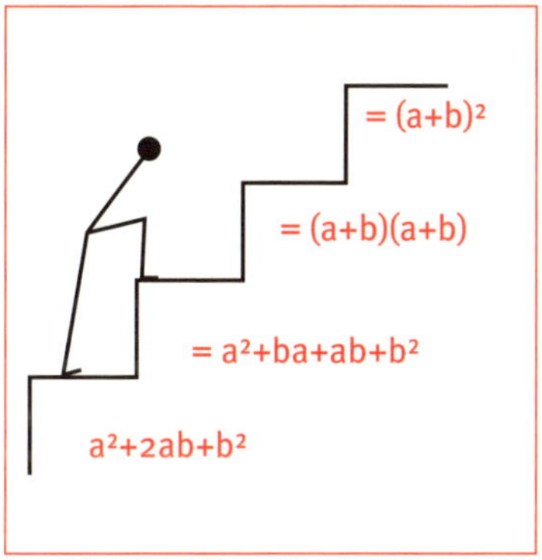

Hier hat man die Gleichheit noch nicht bemerkt.

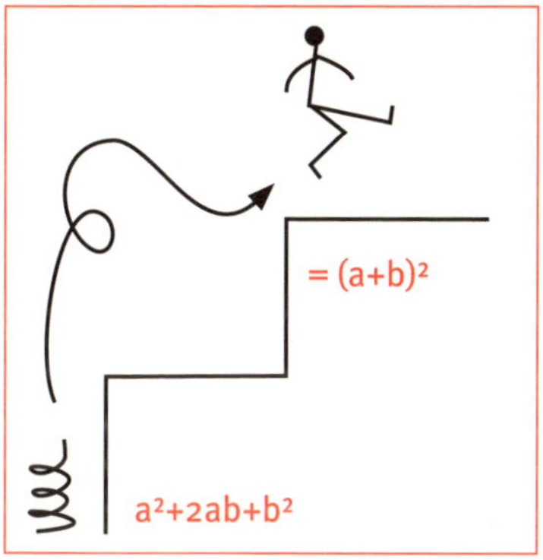

Jetzt aber ist sie erkannt!

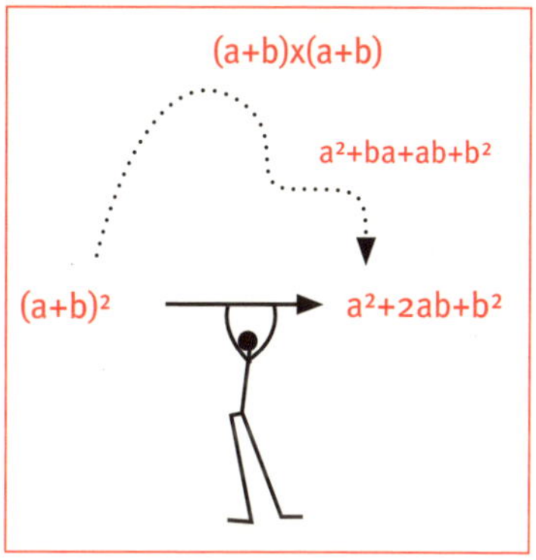

Merke: Eine Gleichung vereinfacht etwas Kompliziertes,

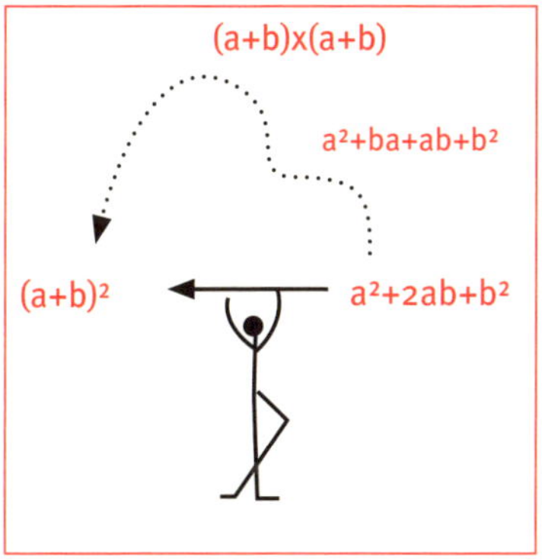

damit man mit dem Komplizierten weiterkommt:

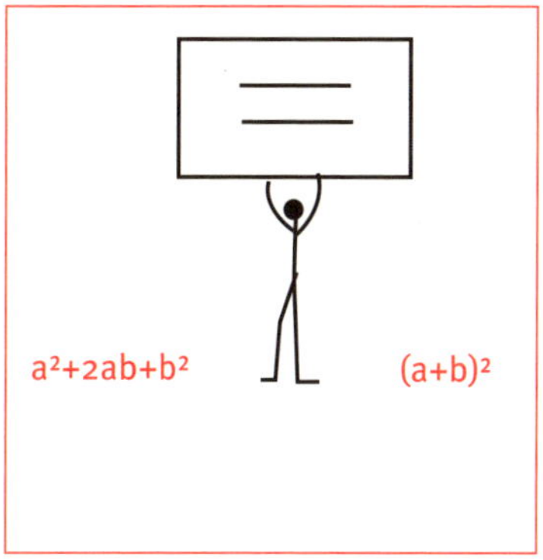

aber auf einfache Weise.

MERKE

Die Kompliziertheit des Menschen
ist von seiner abgestuften Wahrnehmung abzuleiten.

Er versteht es nur,
Einfaches in Betracht zu ziehen.

Er ist es gewohnt, Kompliziertes
zu vereinfachen, indem er
auf bereits Bekanntes zurückgreift,

um mit dem Komplizierten
weiterzukommen,
aber auf einfache Weise,

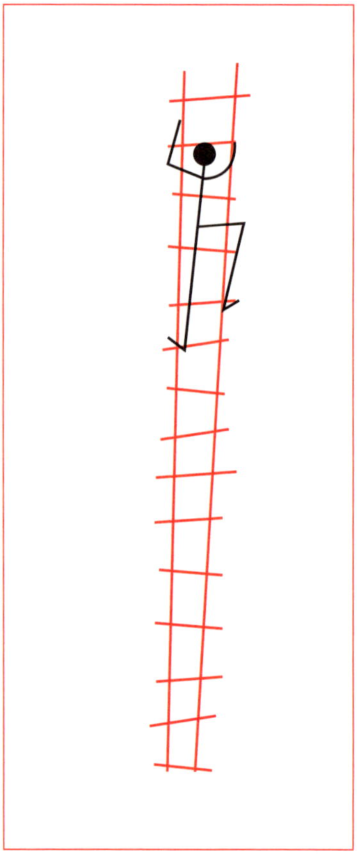

immer höher auf den Stufen
unseres Verstandes.

Über den Ursprung der Funktionen

Kapitel, in dem Koordinaten präsentiert werden

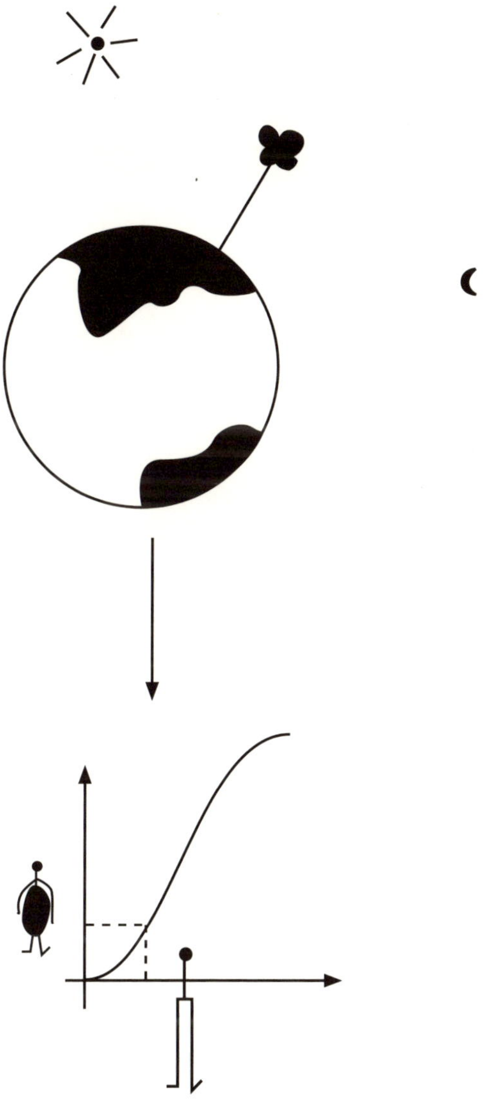

Funktion: leitet sich ab von lateinisch *fungi, functus,* »vollziehen«.
Gegeben seien zwei Mengen A und B. Funktion wird dann eine Abbildung genannt, bei der jedem Element *x* der Menge A genau ein Element – *f(x)* – der Menge B zugeordnet wird. Dieses Element *f(x)* ist das Bild von *x* durch *f*.

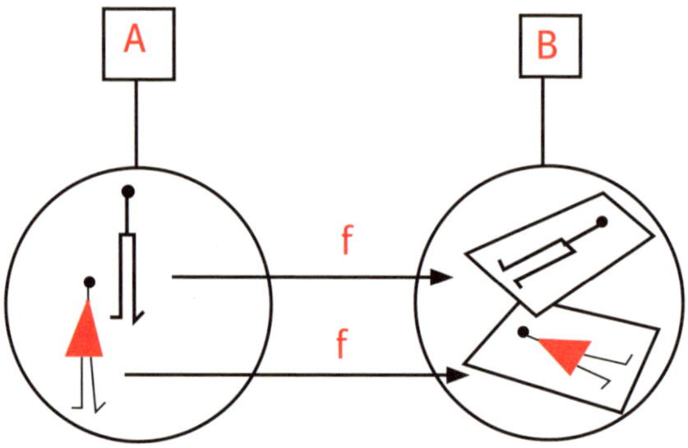

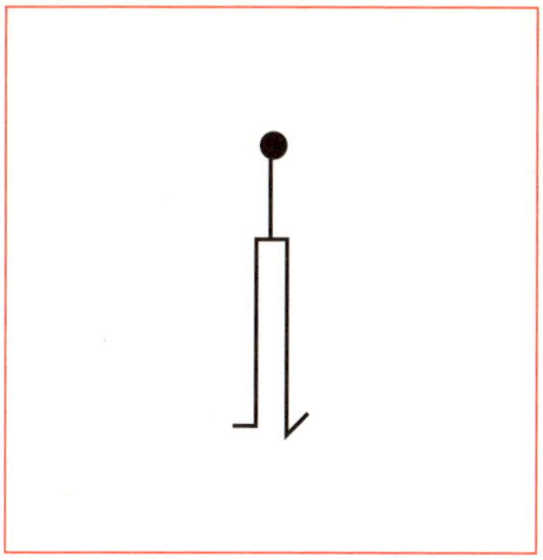

Gegeben sei: eine »Unbekannte«.

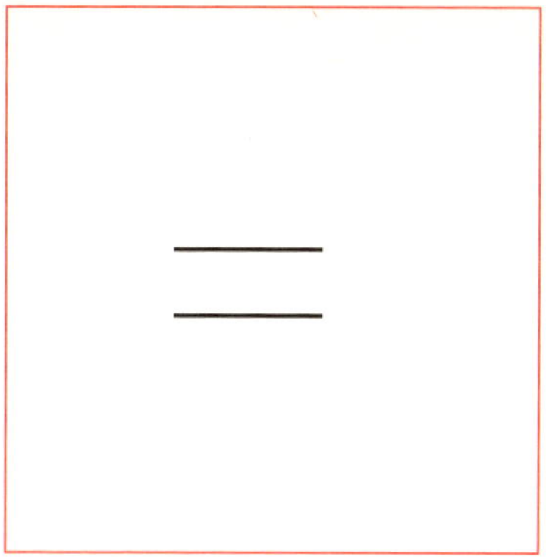

Sie ist – wie der Name sagt –

zunächst eine x–beliebige Zahl.

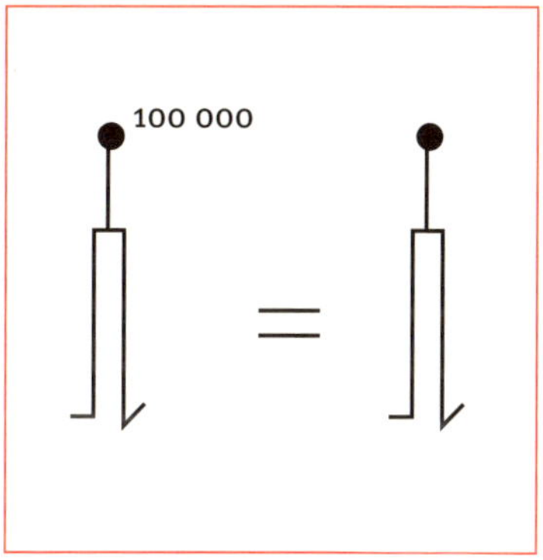

Für sich genommen, entsteht daraus nichts, denn 1 x 1 x 1 x1 x 1 x 1 = 1

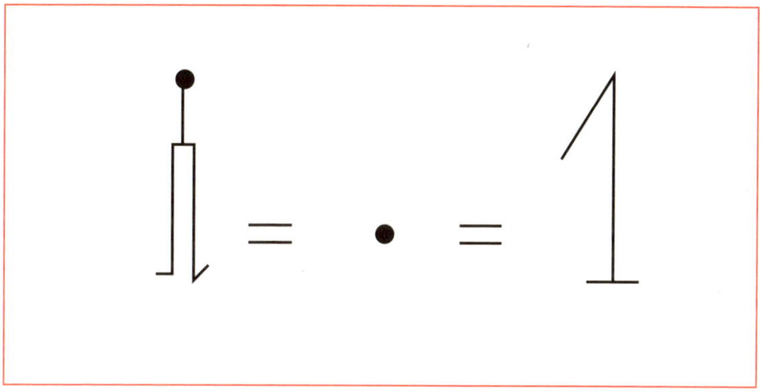

Für sich besehen, stellt diese Zahl nur die Null-Dimension eines Punktes, einer Eins dar.

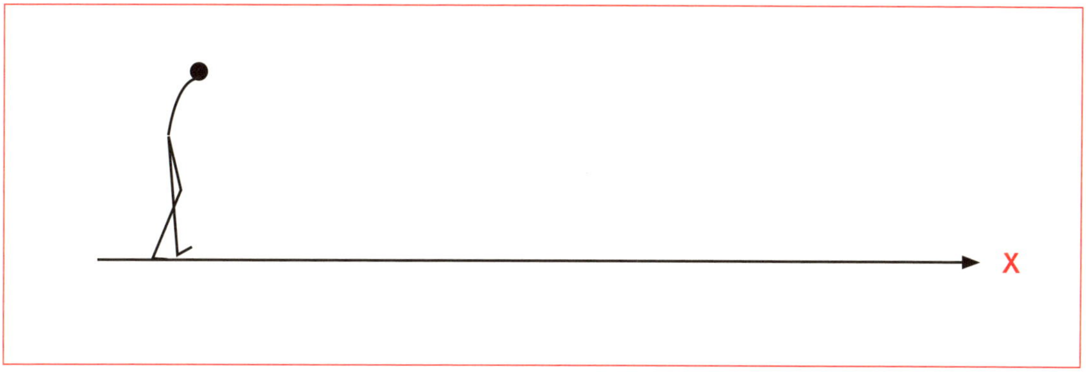

Unbekannt, auch sich selber, irrt sie die Achse der Unbekannten entlang. Nichts wär ihr lieber als ein Nachbar.

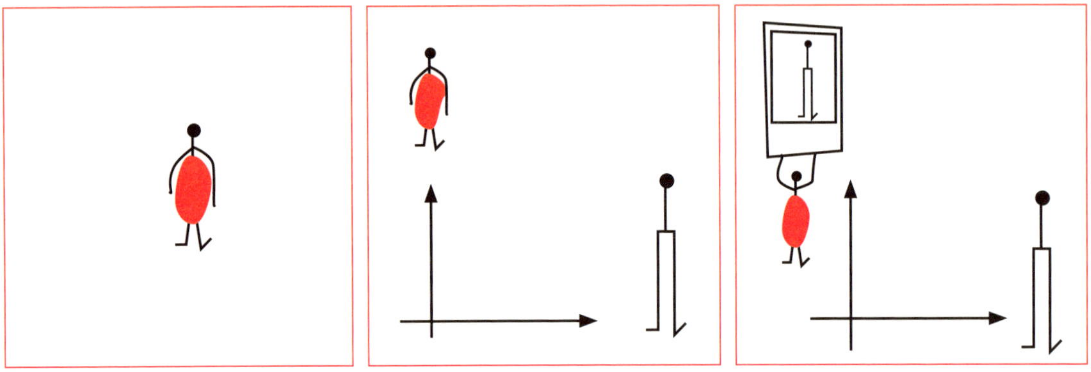

Da tritt *y* auf den Plan. Was aber macht *y* auf seiner Achse, wenn es das Bild von *x* aufzeigt?

Antwort: Es hält der Zahl *x* ihr Bild vor, wie ein Spiegel. Das ist sein Beruf, seine Funktion. Aus diesem Grund sagt man:

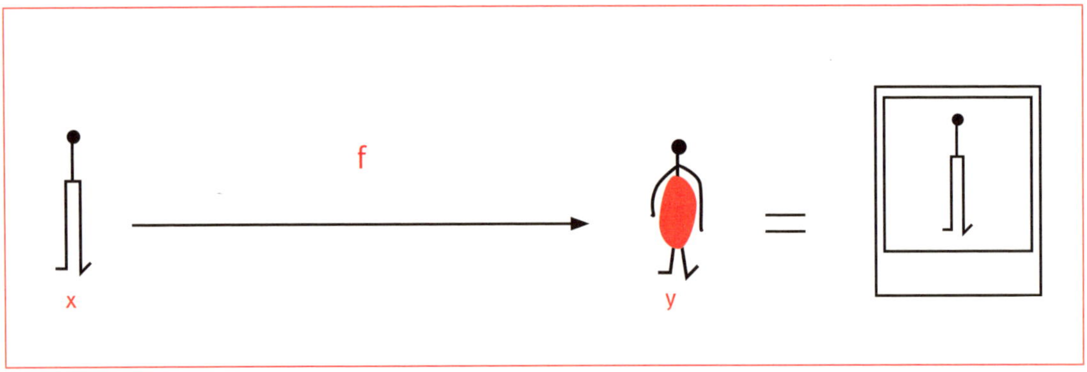

Gegeben sei die Funktion *f*, die einem *x* ein *y* zuordnet, als Bild von *x* durch *f*, geschrieben: $f(x) = y$.

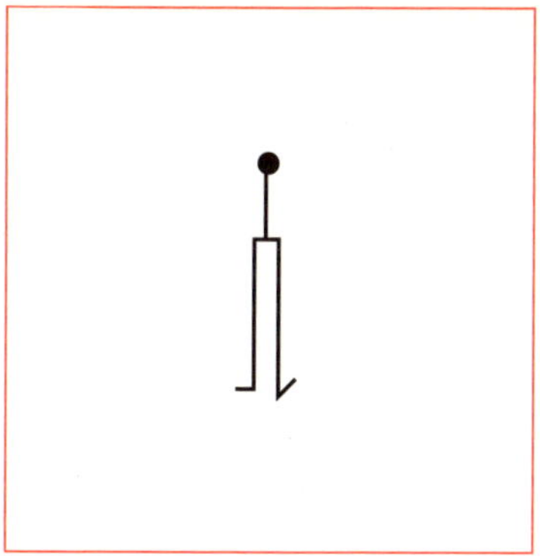

Dank *x*,

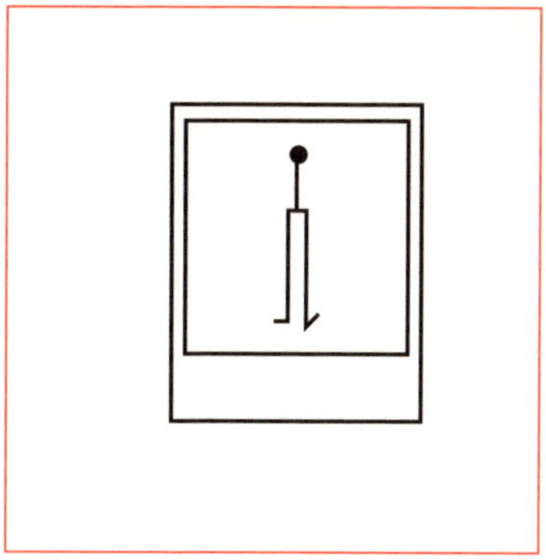

dem Bild von *x*

und *y*,

dessen Aufgabe es ist, der Zahl *x* ein Bild vorzuhalten,

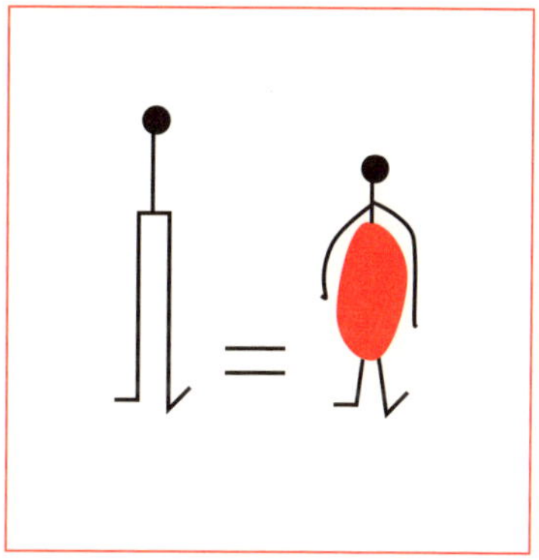

das ihr einerseits gleicht
(es stellt sie dar),

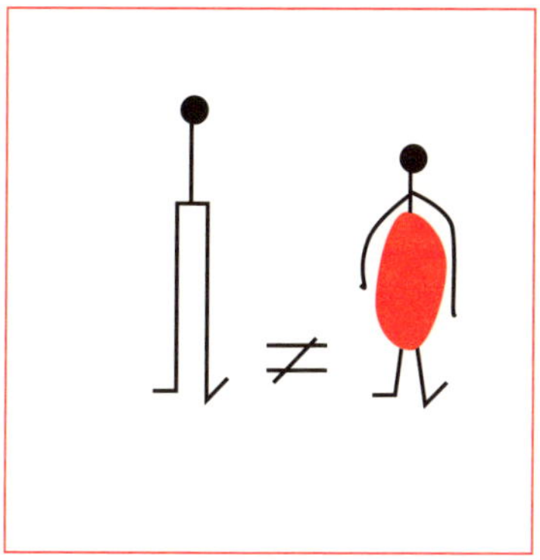

sich andererseits jedoch von ihr
unterscheidet (sie ist nicht Ich),

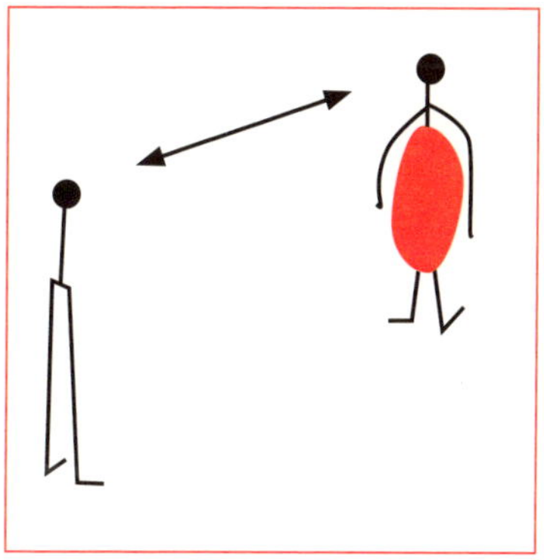

ergibt sich jene andere Sichtweise,
die einen aufgrund
des erkennbaren Unterschieds

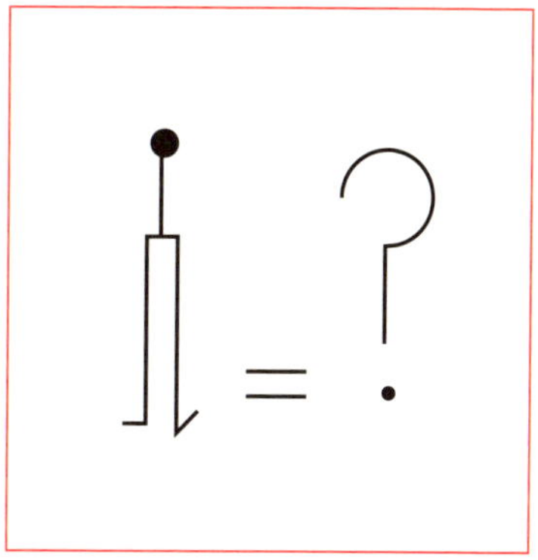

auf sein Gleichheitszeichen verweist.

Angesichts der unterschiedlichen Varianten,
mit denen *x* auftritt,

reagiert der Nachbar *y* stets aufgrund desselben Prinzips:
dem seinen.

Aus diesem Grund
gibt es Nachbarn,

denen man mal weniger,

mal mehr zugetan ist.

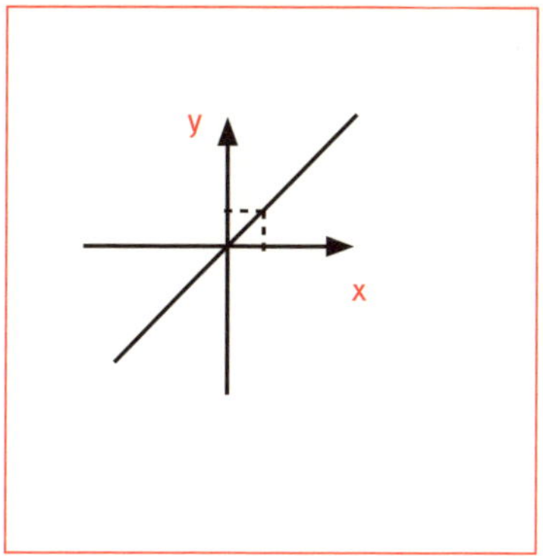

f(x) = x

Von diesem *y* ist stets nur ein identisches Abbild zu erwarten.

Es leidet an einem unerbittlichen Hang zur Objektivität. Dadurch bekommt man einen Spiegel vorgehalten.

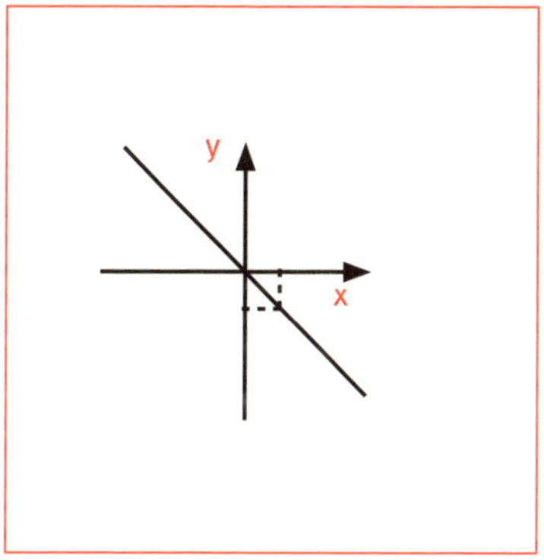

f(x) = –x

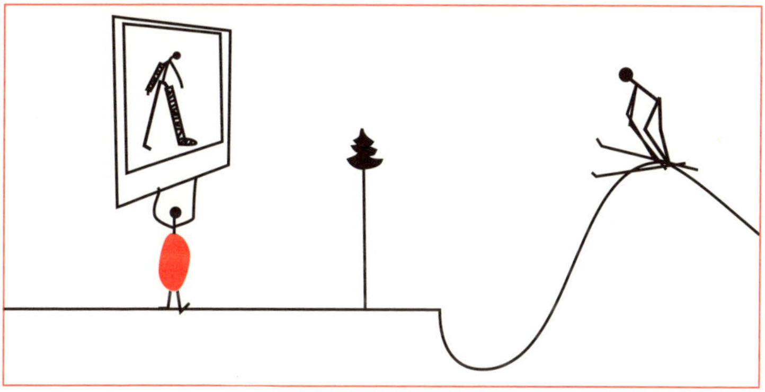

Dieser Nachbar ist grundsätzlich pessimistischer Natur.

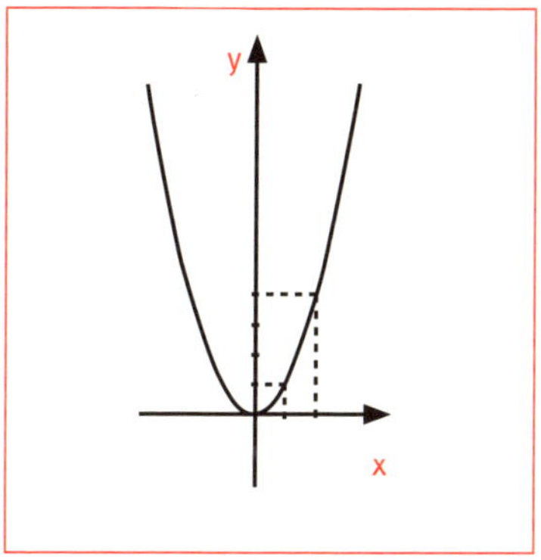

f(x) = x²

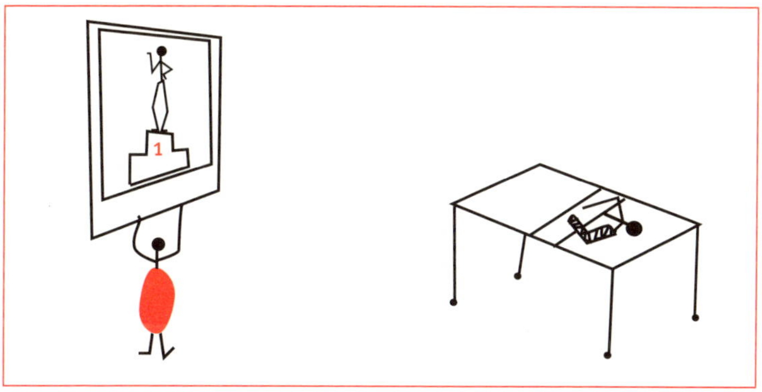

Zwanghaft optimistisch, ist dies ein Nachbar, der sich immer bloß mit dem Besten für einen zufrieden gibt.

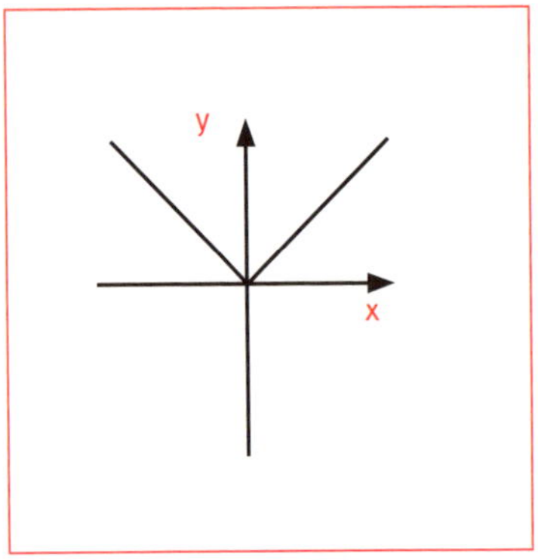

f(*x*) = |*x*|

Ein Glücksfall. Dieser Nachbar ist eine Stütze, ein Bezugspunkt und Pol der Ruhe, die unerschütterliche Achse eines Lebens.

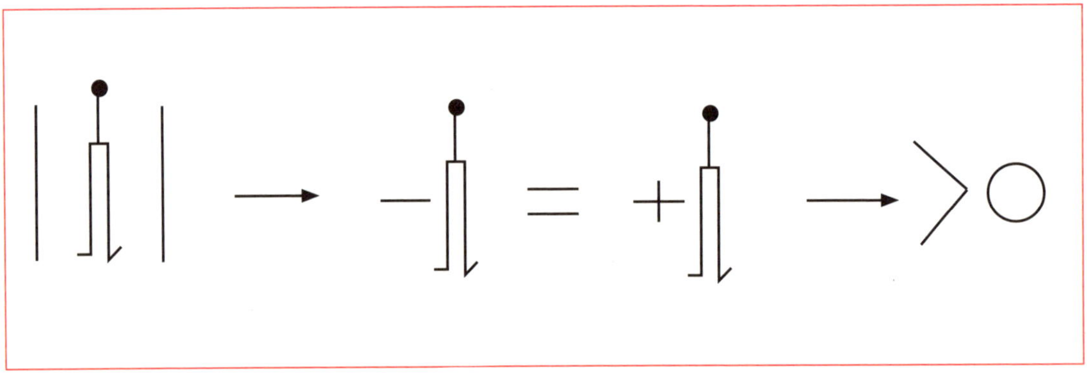

Er ordnet einem stets den Absolutbetrag zu und weiß um die wahren Werte: soll heißen, er urteilt nicht.

Auf die Frage »Wer bin ich?« antwortet er: »Halt dich an dich selbst« –

was nicht verwechselt werden sollte mit: »Halt den Mund!«

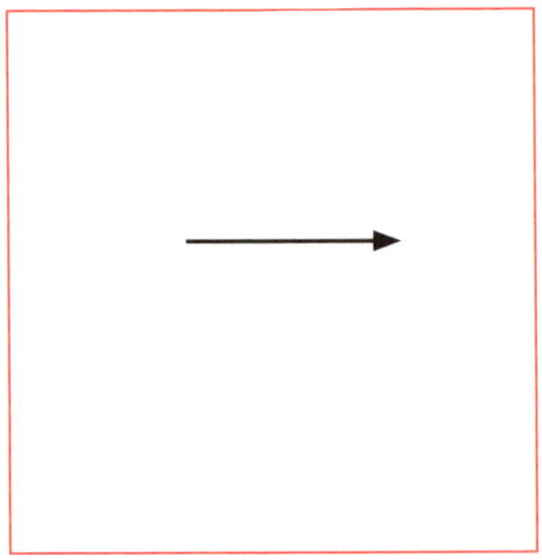

Denn das illustriert der nächste Fall (der tunlichst zu vermeiden ist):

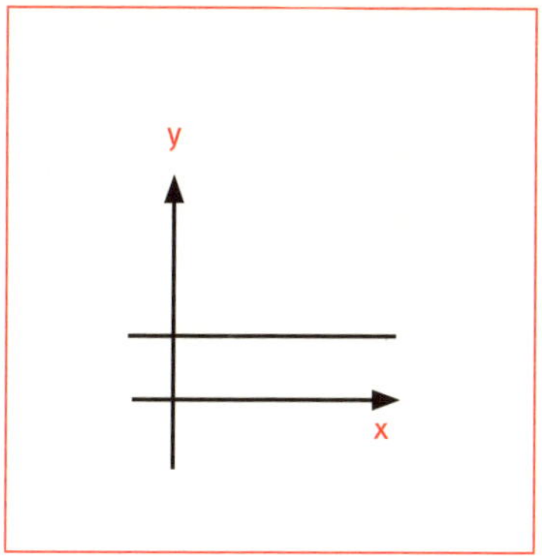

f(x) = y

Egal, mit welchem Variantenreichtum man ihm gegenüber auch auftritt:

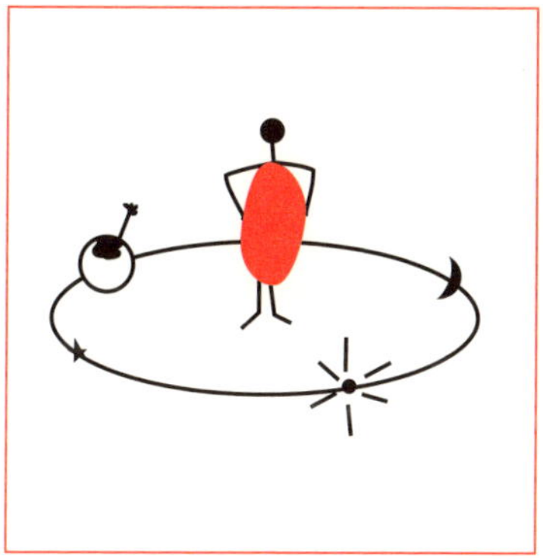

Dieser Nachbar hält sich
für den Nabel der Welt;

schaut er einen an, sieht er immer nur sich selbst.

Über den Ursprung des umschriebenen Kreises

Kapitel, das sich sagt: Wenn die Punkte Menschen wären,
kämen mathematische Lehrsätze Drehbüchern gleich

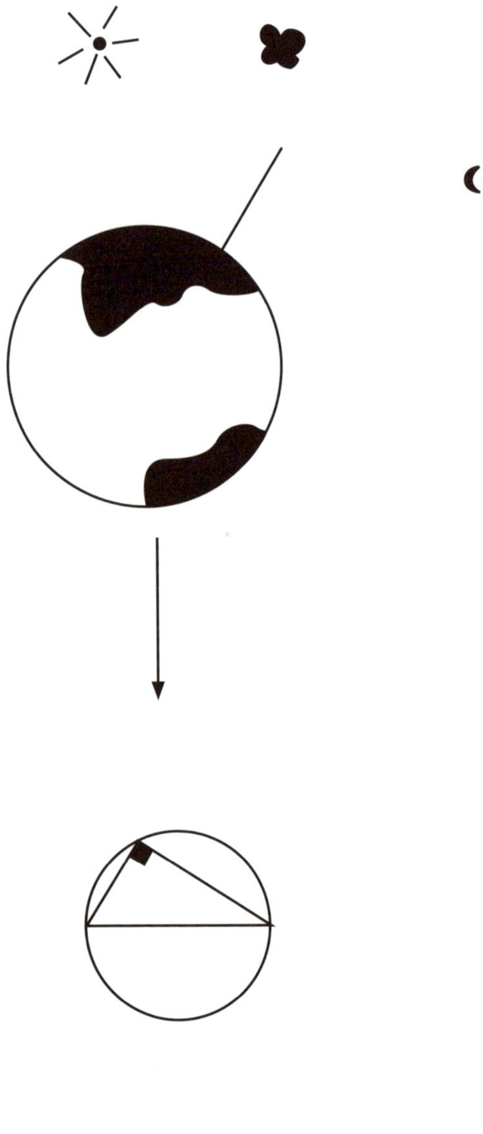

Satz über den Umkreis eines rechtwinkligen Dreiecks:

Das Zentrum des Kreises, der einem rechtwinkligen Dreieck umschrieben ist, liegt in der Mitte von dessen Hypotenuse.

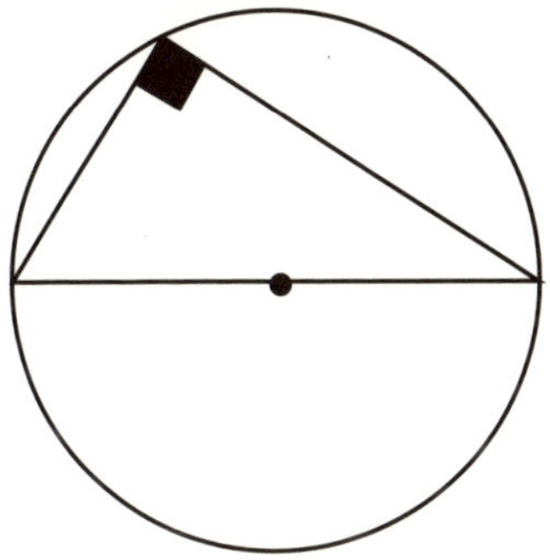

VERTEILUNG DER ROLLEN

Gegeben sei der eine

wie auch der andere.

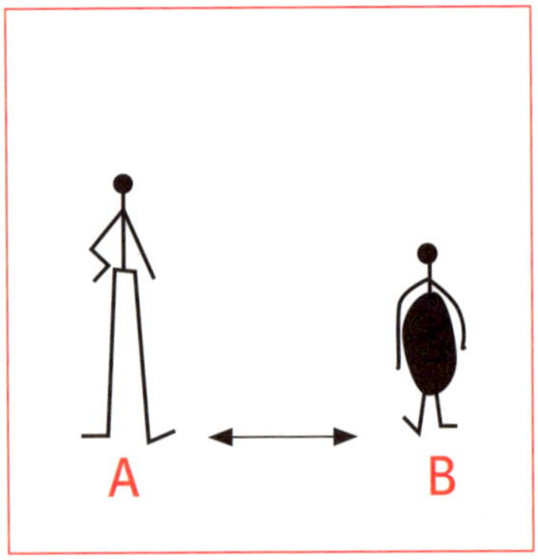

Das bedeutet bereits, dass sich
beide diametral gegenüberstehen!

Sie halten voneinander
einen gewissen »Abstand« –

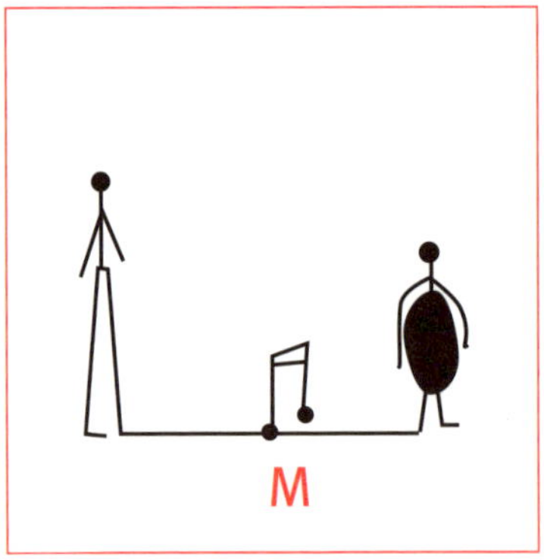

finden zusammen aber einen Punkt
gemeinsamen Interesses.

Doch da betritt nun eine dritte
die Bühne

und will mit von der Partie sein.

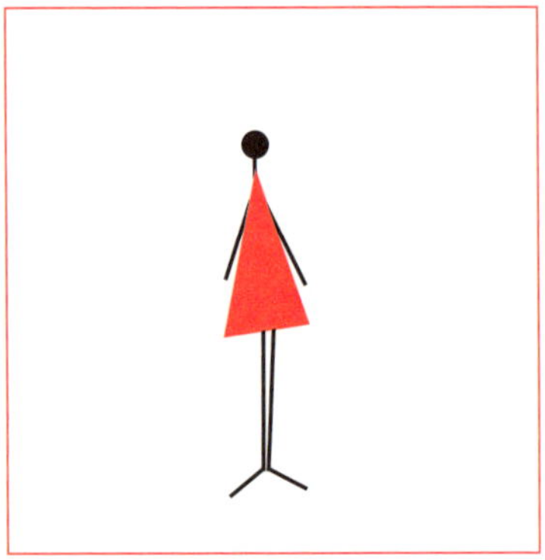

Sie nimmt deshalb
aufrechte Haltung ein,

wirkt dabei jedoch etwas kleinkariert,

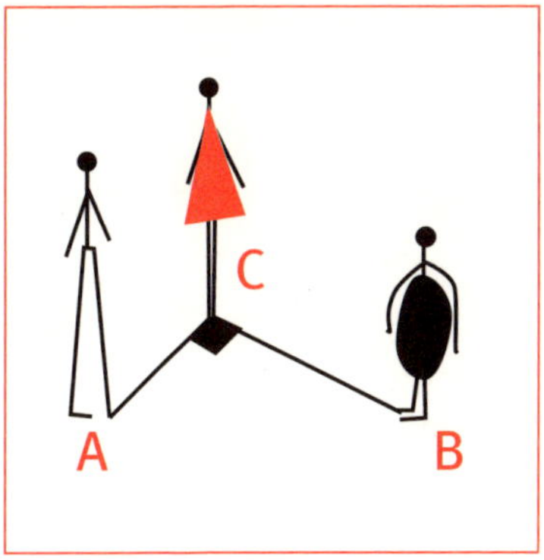

weil sie »im Quadrat« zu den beiden männlichen Akteuren stehen will.

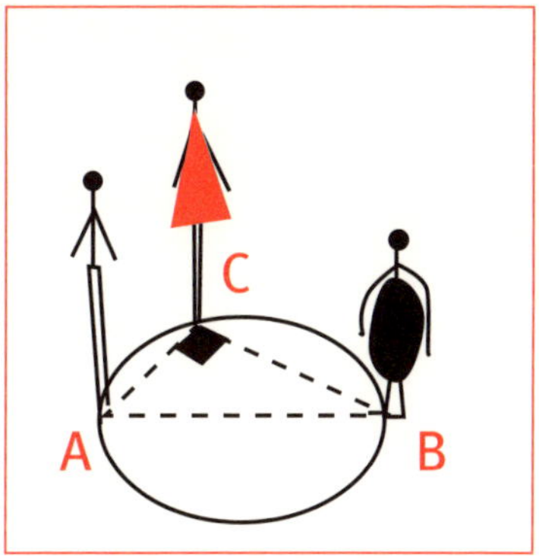

Noch unentschlossen, zu wem sie sich mehr hingezogen fühlt, sucht sie den rechten Abstand zu wahren.

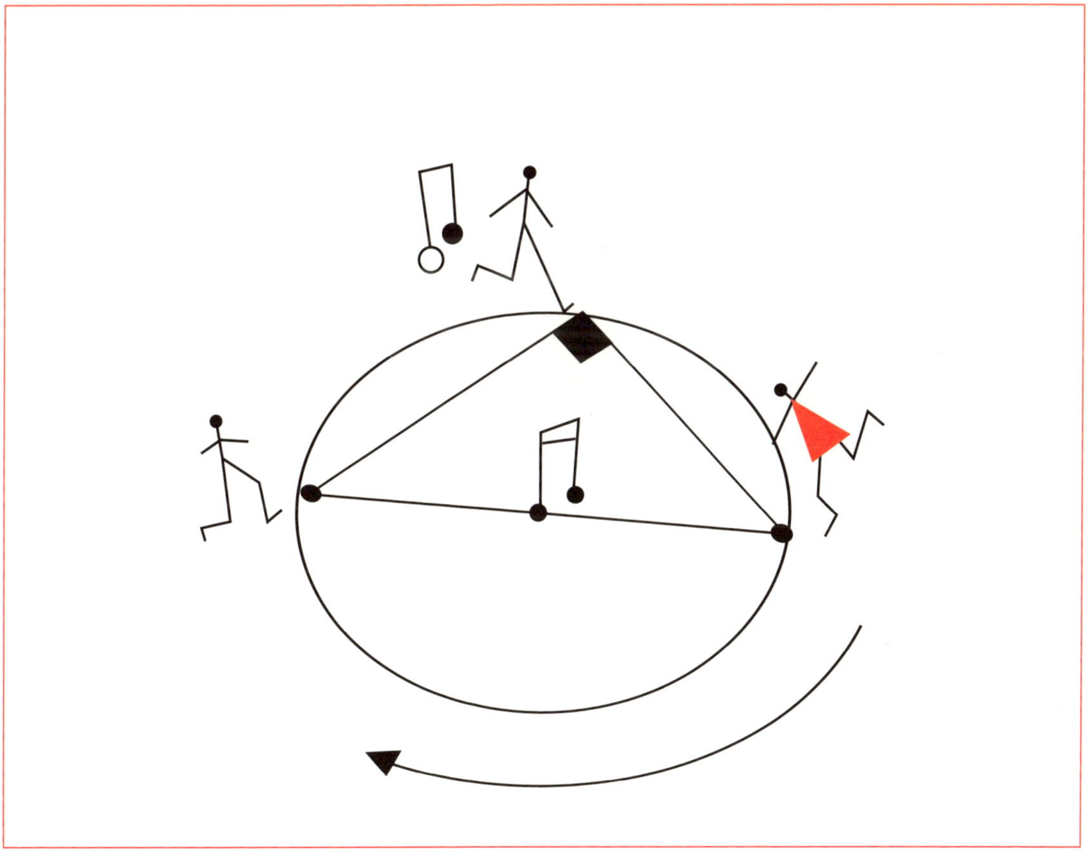

Doch schon bald dreht sich alles um das eine. Voilà – eine ménage à trois!

Über den Ursprung der Vektoren

Kapitel, das sich lange gefragt hat,
was denn das Äquivalent eines Vektors in der wirklichen Welt sein könnte

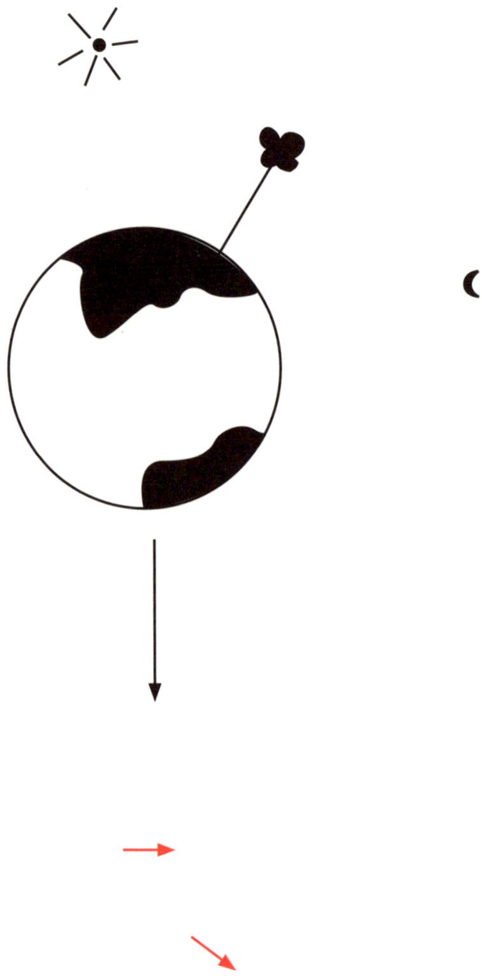

Vektor: leitet sich ab von lateinisch *vehere,* »transportieren«.
Ein Vektor ist mit einer sogenannten Translation verknüpft, einer Verschiebung. Definiert wird ein Vektor durch die Richtung, welche seine Gerade (AB) festlegt, seine Orientierung »von A nach B« sowie die Länge der Strecke $\overline{AB}$.

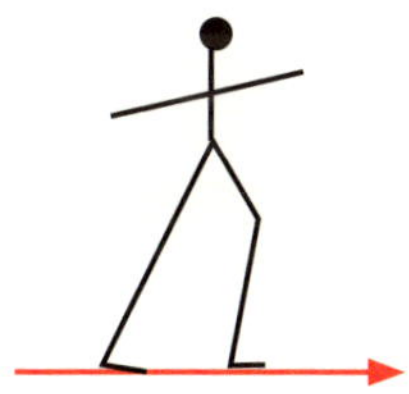

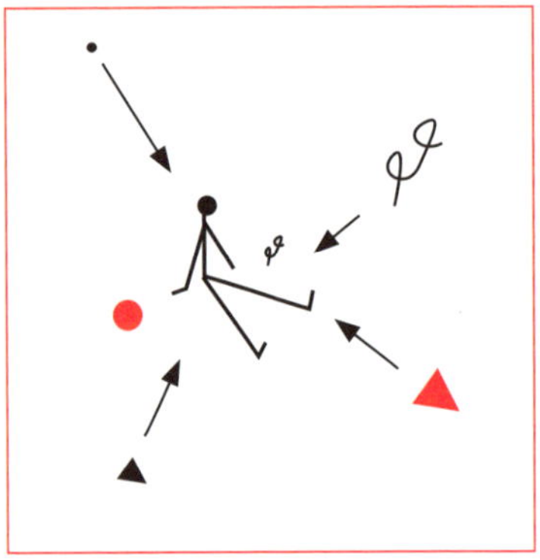

Enttäuscht darüber,
nicht alles verstehen zu können,

überkommt den Menschen
manchmal

das Bedürfnis,
verstanden zu werden.

In seinem Innersten
verstanden zu sein,

einmal erwachsen geworden,
heißt jedoch nicht …

Nein! Das ist ganz
und gar nicht damit gemeint.

Um in seinem Innersten
verstanden zu werden,

einmal erwachsen geworden,

muss man sein Innerstes
nach außen kehren.

Denn wenn man innen

unter Druck steht,

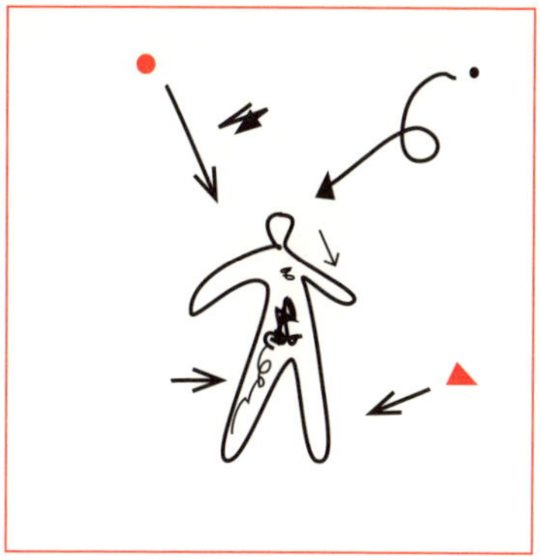

weil man allzu voll von etwas ist,

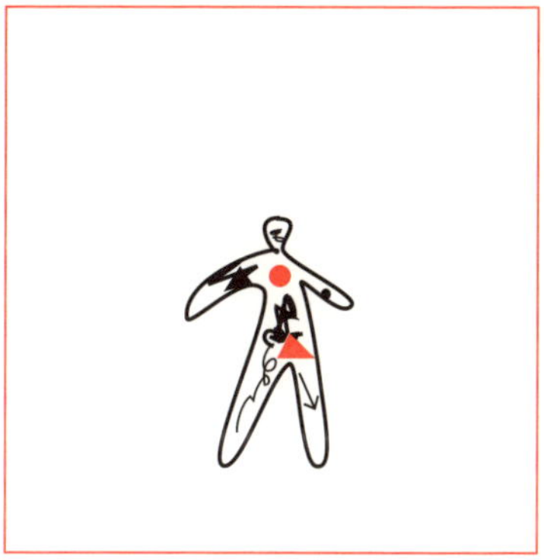

gibt man diesen Druck

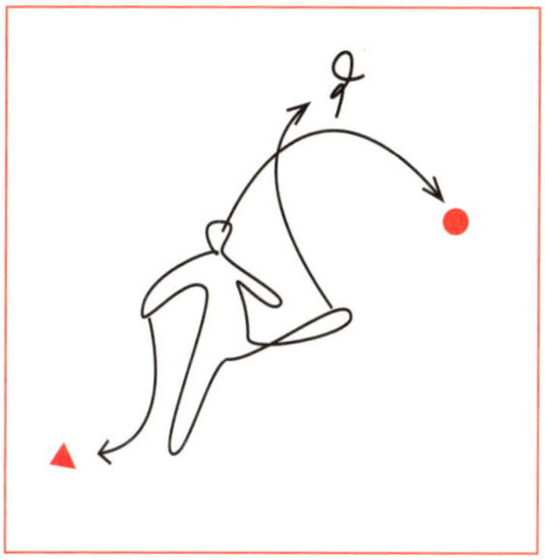

wieder nach außen ab:

daher der Aus-druck.

Der Ausdruck erlaubt es, das Innerste einer Person nach außen abzugeben,
ohne dabei durchzudrehen.

Heutzutage ist das Repertoire an Ausdrucksmitteln sehr breit,
nicht zuletzt,

damit alles, was da nach außen
transportiert wird,

seinerseits wieder übersetzt
werden kann,

in ein Innen, anderswo:

Deshalb neigen die Menschen dazu,
ihr Innerstes

den Wörtern zu übertragen,
damit die es transportieren.

Das macht Wörter zu Vektoren.

BEISPIEL ANHAND DES WORTES FUNKTION

FUNKTION

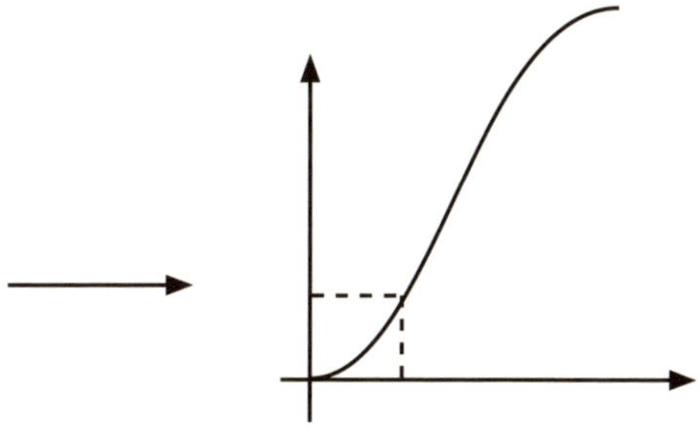

Ein Wort ist mit einem Sinn versehen: der Realität, auf die es verweist;

F U N K T I O N

Substantiv, weiblich. Funktion wird eine Abbildung genannt, bei der jedem Element *x* der Menge A genau ein Element – *f(x)* – der Menge B zugeordnet wird.

mit einer Länge: Seine Definition steckt eine Bedeutungsstrecke ab;

Ist die Funktion zunehmend? $\neq$ Ich übernehme deine Funktion.

und einer Richtung: der Funktion der anderen Wörter in einem Satz, an deren Sinn sich sein Sinn orientiert.

Wörter sind Pfeile, die sich auf bestimmte Ziele richten in unseren Köpfen.

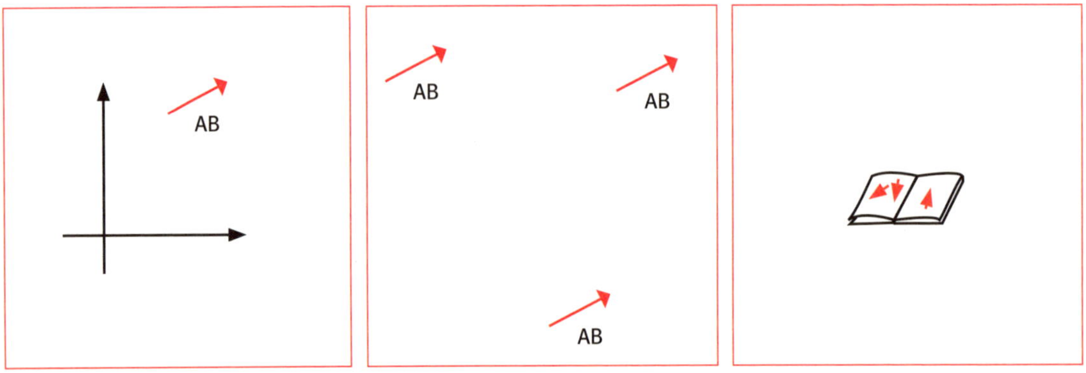

Wie die Vektoren profitieren sie von der Erfindung der Teleportation, indem sie ihre Identität bewahren,

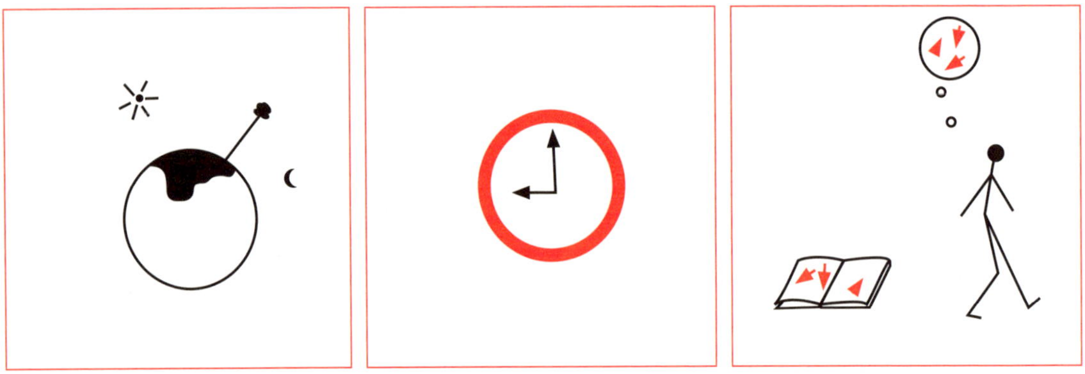

unabhängig von Welt, Raum und Zeit.

Einmal verstanden

von einem anderen Innen,

ruft dies vormalige Außen nunmehr
im Inneren
verschiedenste Reaktionen hervor.

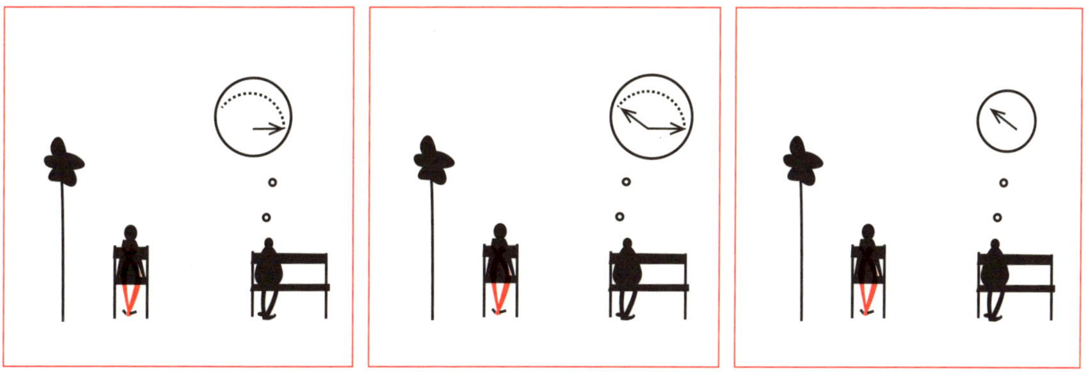

Es erfährt die unterschiedlichsten
Transformationen

– Rotationen, Vergrößerungen
und Verkleinerungen
oder alles zusammen –,

bevor dann etwas zurückportiert
werden soll, und zwar

erneut durch das Medium

des Vektors »Wort«.

Dabei ist zu beachten,

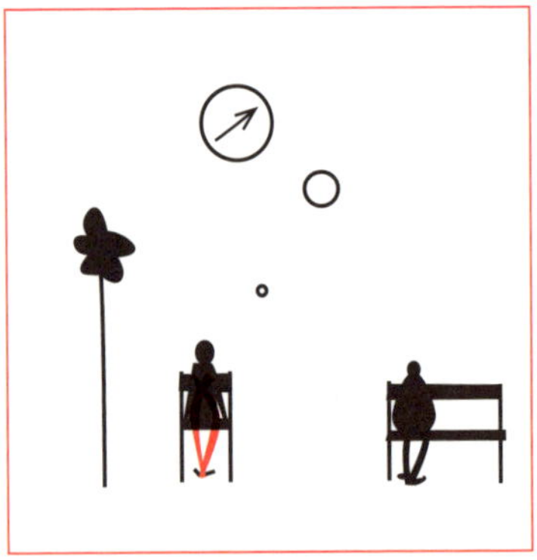

dass Wörter letztlich jedoch
nur auf einem beruhen:

synaptischen Verknüpfungen.

(Synaptisch ist alles,
was mit Synapsen zu tun hat;

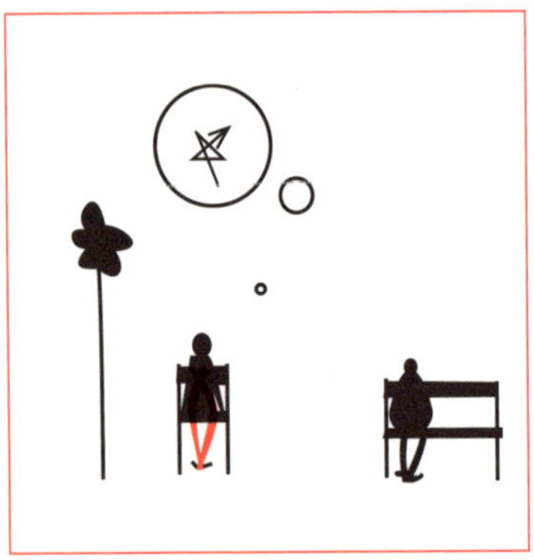

Synapsen wiederum sind Kontakt-
zonen zwischen zwei Neuronen.)

ANWENDUNGS-BEISPIEL

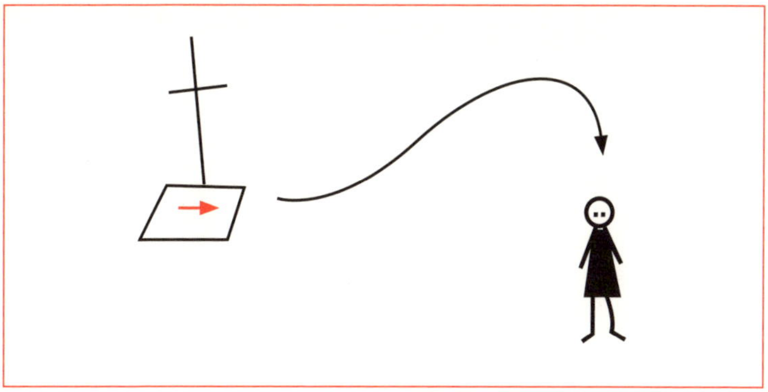

Ein Kind schnappt folgendes Sprichwort auf:

Willst du, dass andere was für dich tun, dann tu's erst für sie.

Wenig später erklärt es,

dass man, um Murmeln zu gewinnen,

beim Murmelspiel verlieren muss.

Was ging da bloß in seinem Kopf vor?

ANTWORT

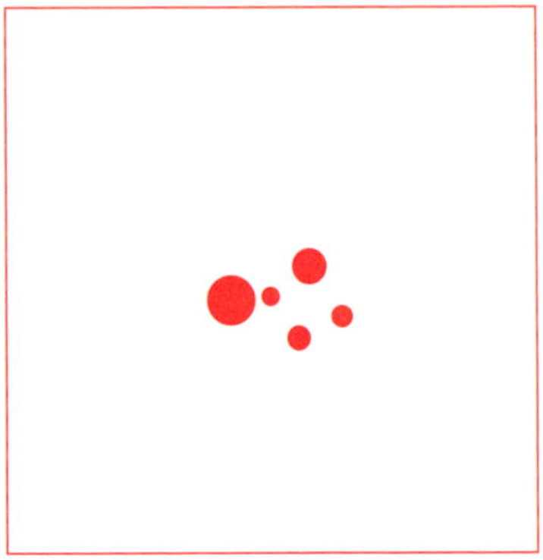

Gegeben seien folgende Mengen:

das Kind,

die Murmeln

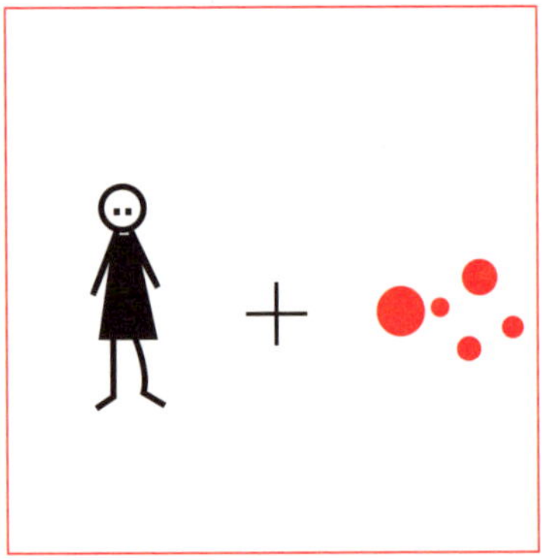

und die anderen.

Willst du
(das Kind plus die Murmeln),

dass andere was für dich tun
(die anderen minus die Murmeln),

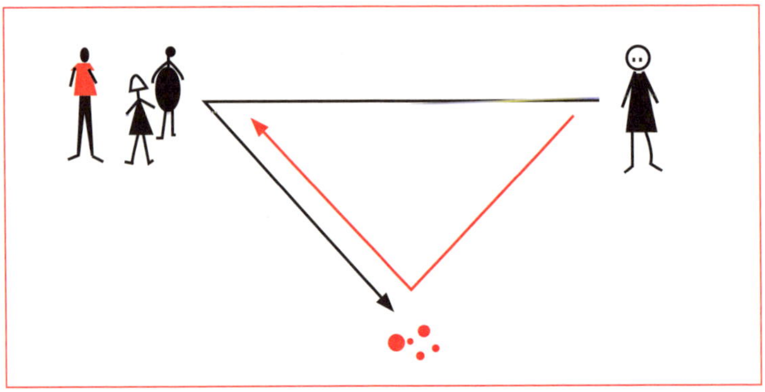

dann tu‘s erst für sie
(das Kind minus die Murmeln).

Womit wir ein schönes Beispiel haben für eine Symmetrie
auf der horizontalen Achse zum Nullpunkt!

Über den Ursprung der komplexen Zahlen

Letztes Kapitel, das besonderer Aufmerksamkeit bedarf

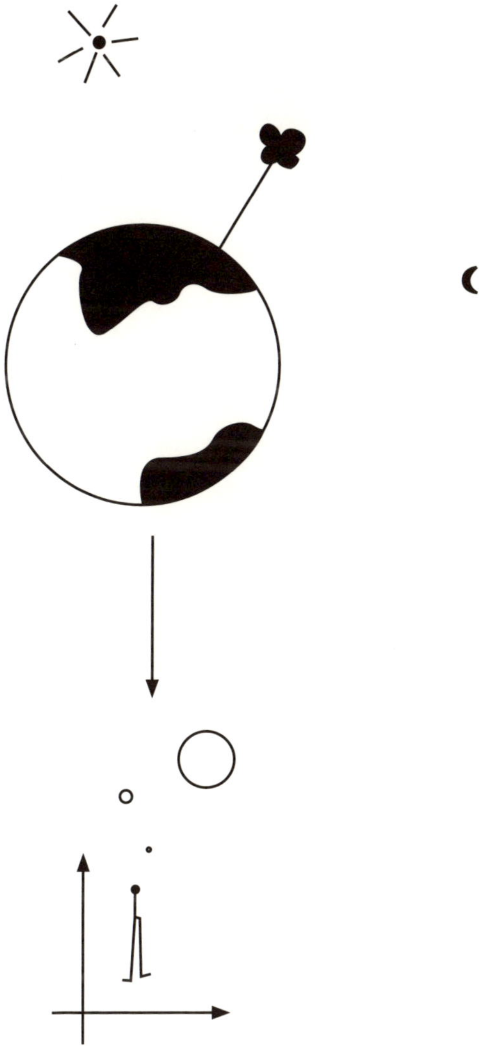

Komplexe Zahlen: Die Menge der komplexen Zahlen ist die Menge der Zahlen, die in der Form $z = a + ib$ geschrieben werden können, wobei a und b reelle Zahlen sind und i die Wurzel der Gleichung $x^2 + 1 = 0$ ist. Die Zahl a heißt Realteil von z, b Imaginärteil von z.

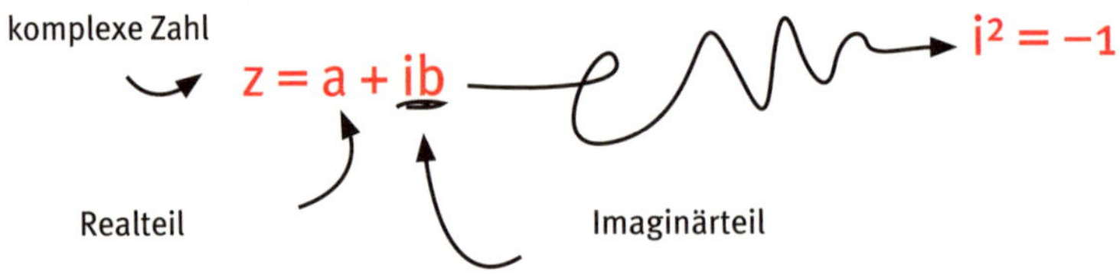

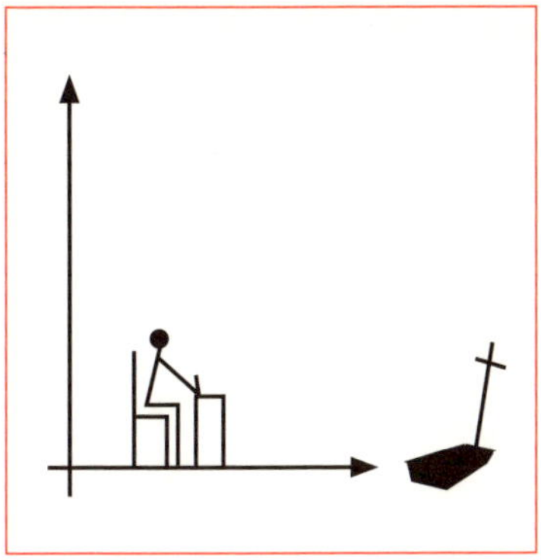

Das Leben ist schon eine seltsame Gleichung:

mit der Funktion *f*

(nämlich die Zeit mit sich selber zuzubringen von morgens bis abends,

Tag für Tag, so lange, bis man stirbt)

und mit *t*, dem Tod, als großer Unbekannten.

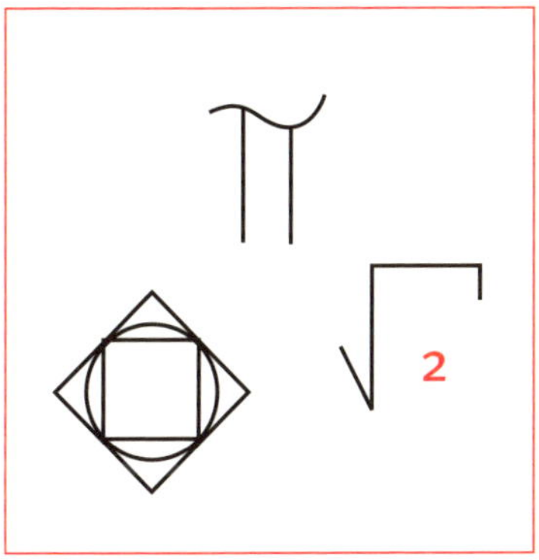

Diesem Übermaß an Sinnlosem gegenüber, dem Irrationalen,

steht der Mensch – und im Zweifel darüber, ob an ihm dabei noch etwas real ist,

erklärt er das Unendliche für absehbar und endlich.

Er sagt sich, dass er das Warten
auf sein Ende

– falls es länger dauert

und er dabei viel Zeit
mit sich verbringen muss –

lieber so angenehm
wie möglich gestaltet.

Doch das heißt,
ein Leben aufzubauen

mittels Euros, Hobbys, Freunden ...

damit man, wenn man einmal tot ist,

den Beweis seiner Existenz
hinterlassen kann.

Doch wie baut man ein Leben auf?

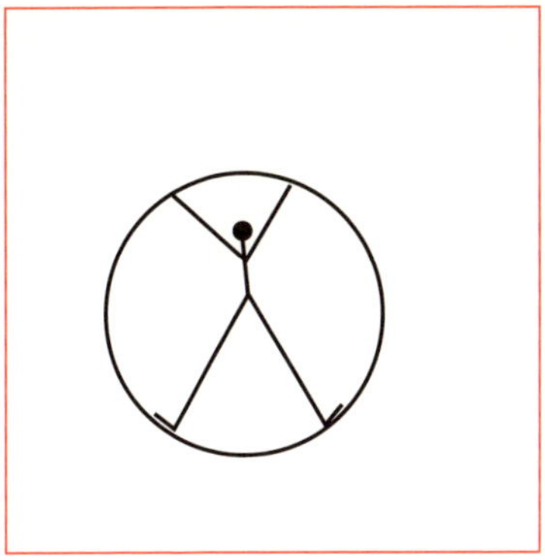

Zunächst einmal,
indem man Maß nimmt.

Um es hierauf anzupacken

– Realitätssinn ist schließlich einer

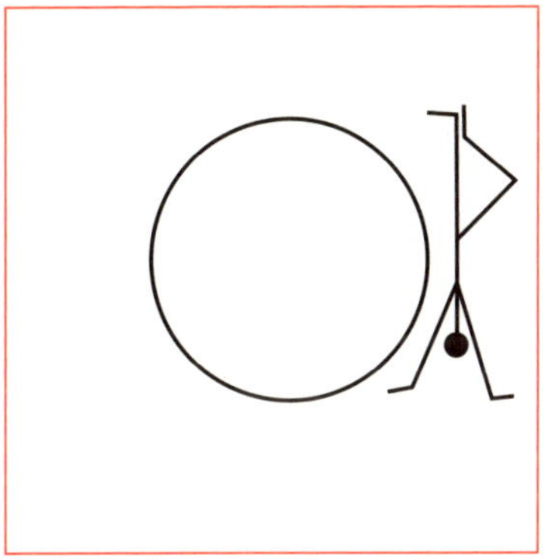

der stärksten menschlichen
Vorzüge –,

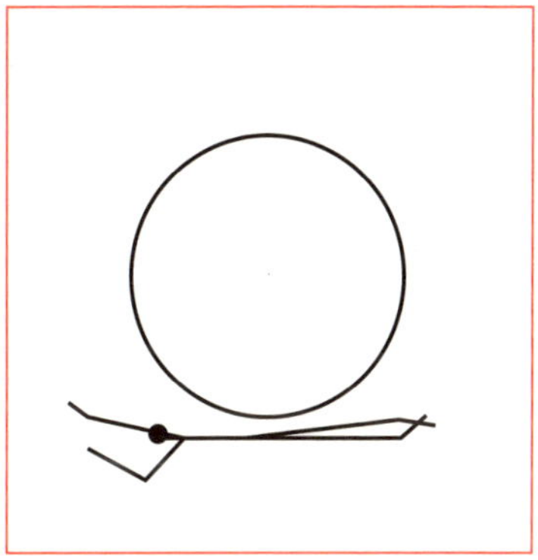

geht man frisch ans Werk,

stemmt dieses Leben,

um dabei etwas in Gang zu bringen,

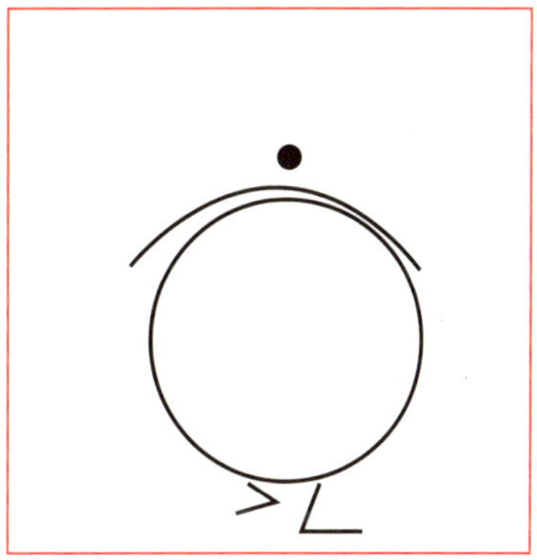

das sich letztlich
als äußerst komplex erweist.

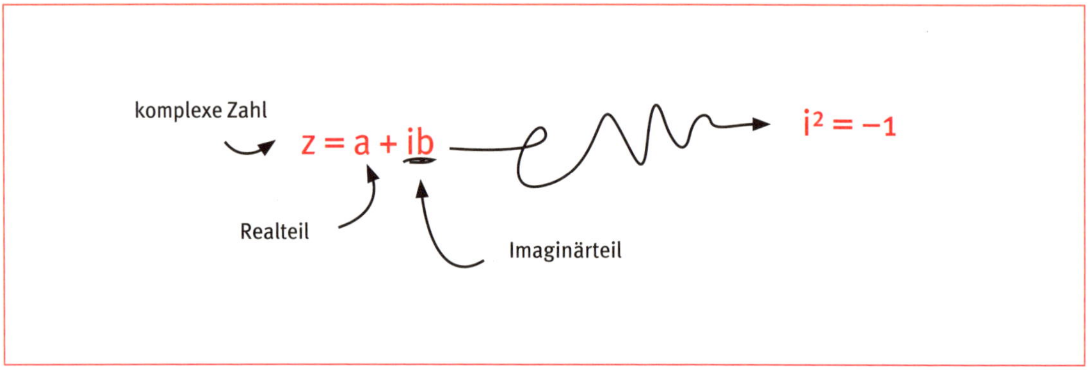

Wie die komplexen Zahlen, diese winzigen mathematischen Dinge,

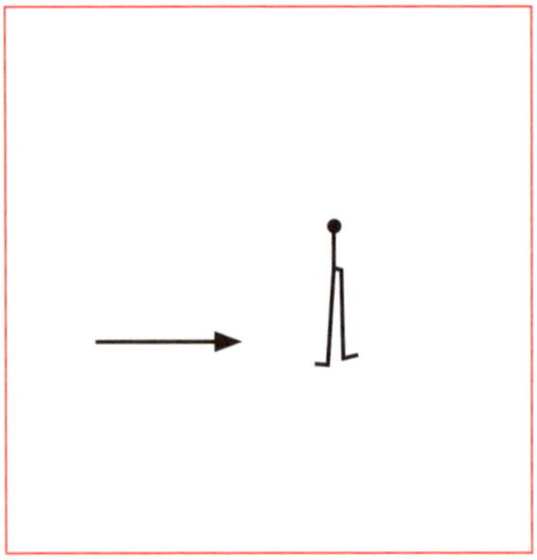

ist auch der Mensch mit einem Realteil ausgestattet: seinem Körper,

der den Bezug zur kontinuierlich verlaufenden Zeit aufrecht erhält

und dem Gesetz der Gegenwart unterworfen ist,

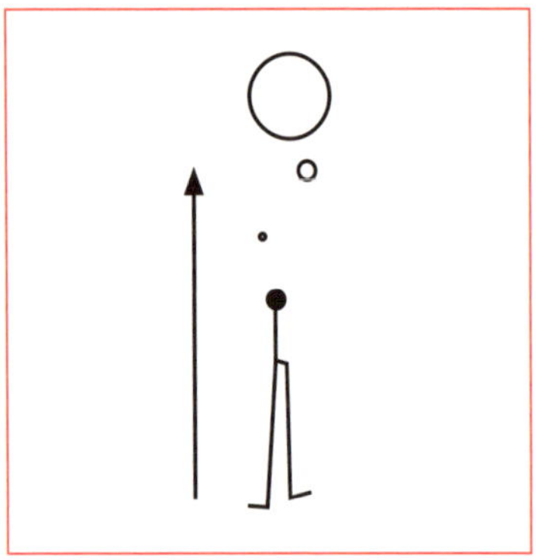

und mit einem Imaginärteil: seinem Denken.

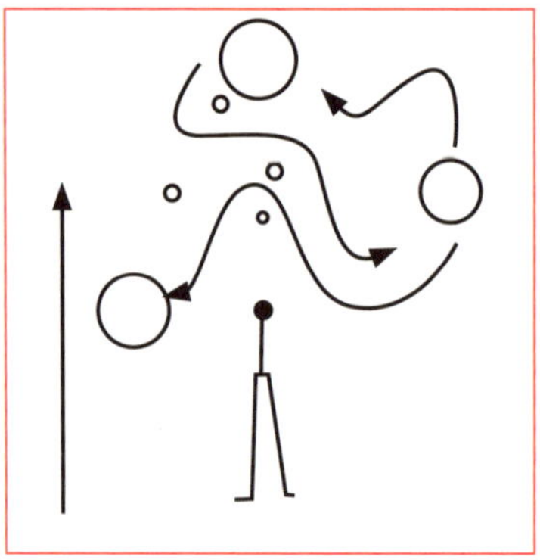

Vertikal und vektoriell,

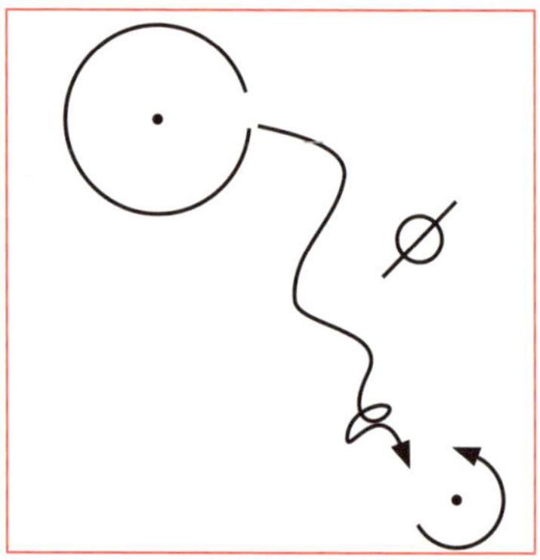

ist dessen Bezug zur Zeit jedoch diskontinuierlich, weil es mit ihr spielt.

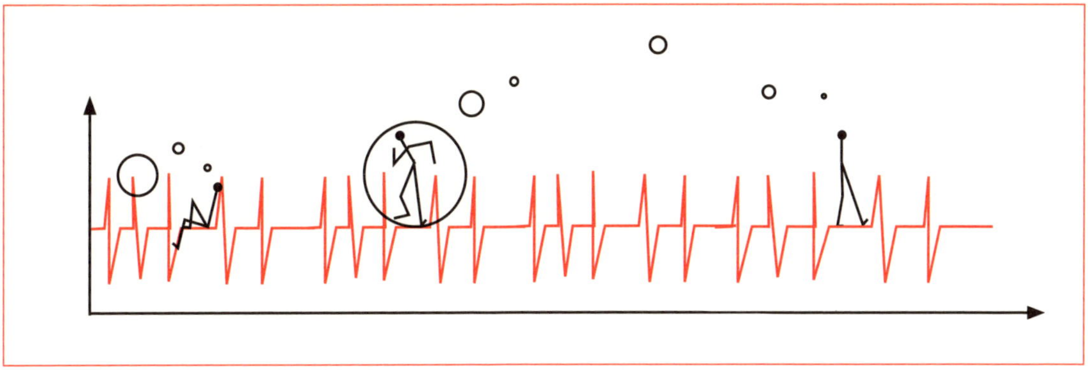

Deshalb neigt der Mensch dazu, in zwei Gegenwarten zugleich zu leben,

der seines Realteils

und der seines Imaginärteils.

So kommt es beispielsweise vor, dass er sich im Laufe einer Mathestunde

in der Gesellschaft aller Arten kleiner Dreiecke wiederfindet.

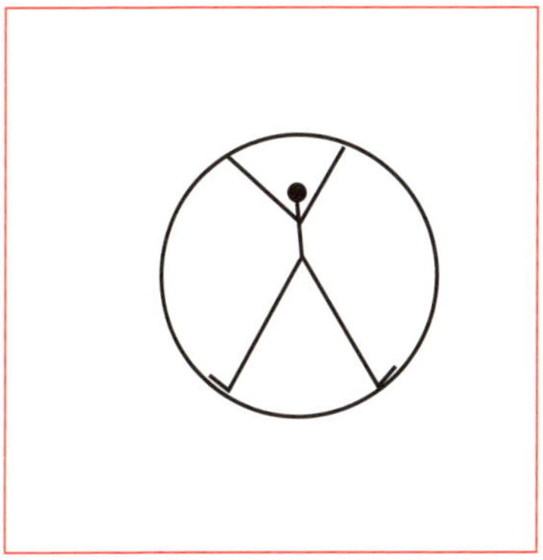

Eins ist jedenfalls sicher: Um sein Leben anzupacken,

lässt der Mensch nicht wenige imaginäre Blasen steigen.

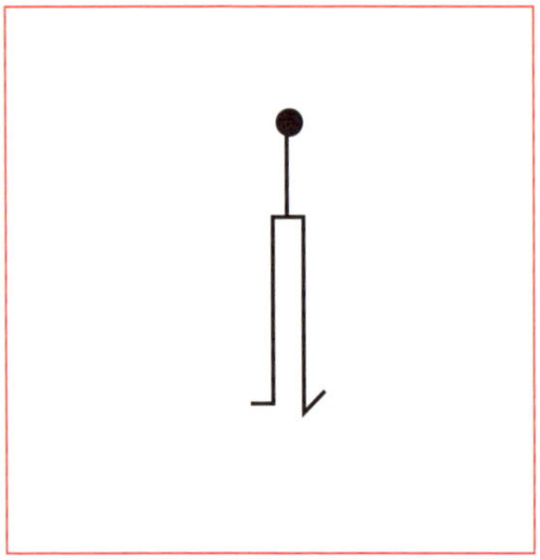

Überraschen wir jemanden

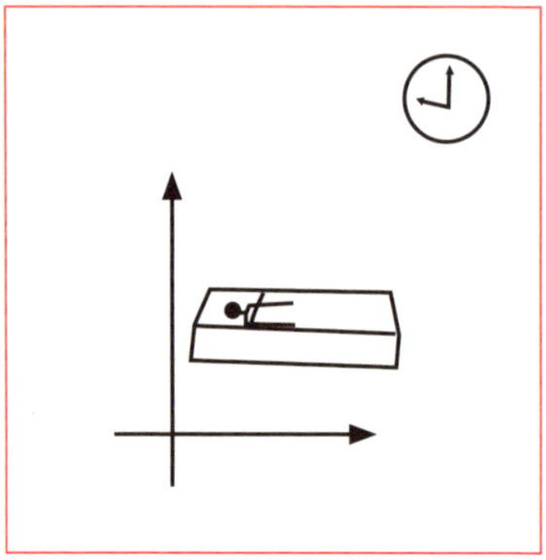

in jenem deliziösen Moment,
da er erwacht:

Es ist ein Morgen, an dem er
und sein Körper sich

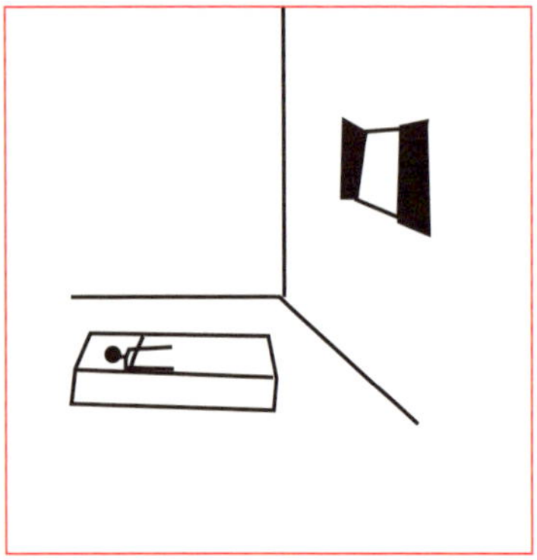

sehr wohl in einem reellen Kontext
wiederfinden.

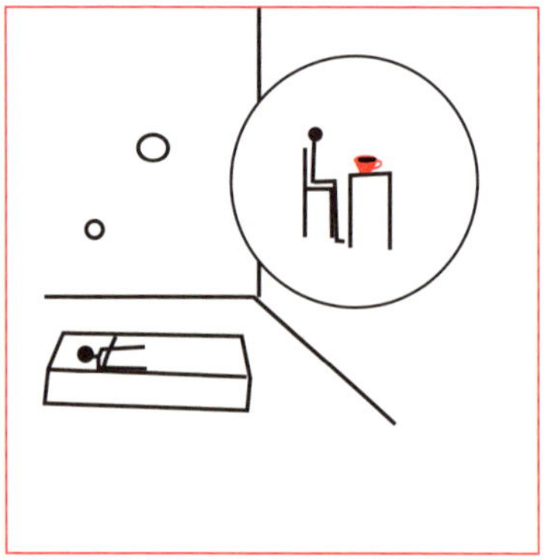

Darauf kommt auch
sein Imaginärteil ins Spiel,

der ihn unterschiedlichste
Propositionen sich ausmalen lässt:

diese kleinen Simulationen, die normalerweise
bei ihm Reaktionen wachrufen,

welche sich – wie die reellen
Zahlen auch – als positiv,

negativ

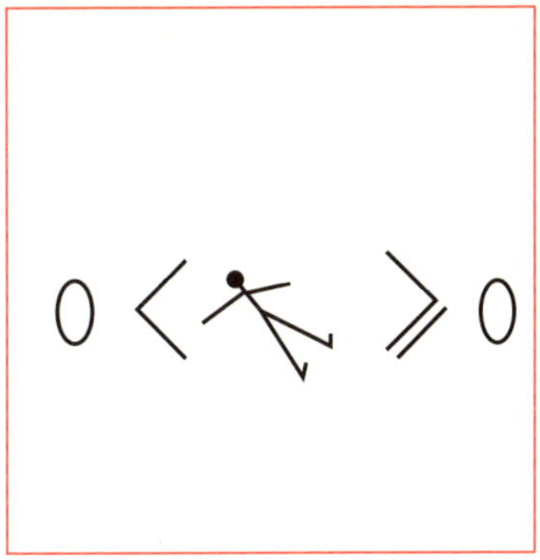

oder einfach nur als null einstufen
lassen.

Propositionen
positiven Charakters

nennt man
Wunschvorstellungen.

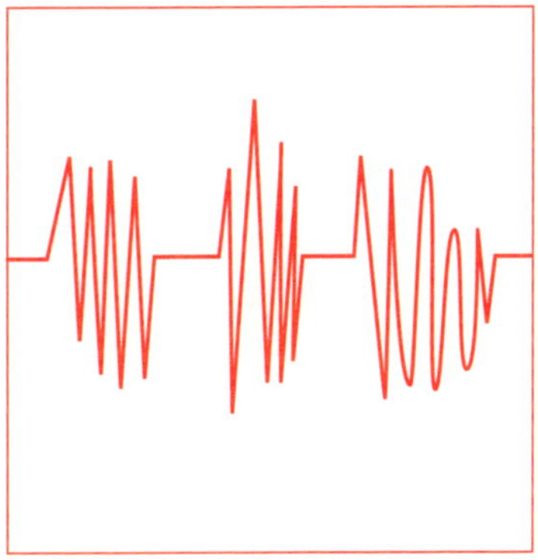

Sie sind der Beweis,
dass man noch am Leben ist.

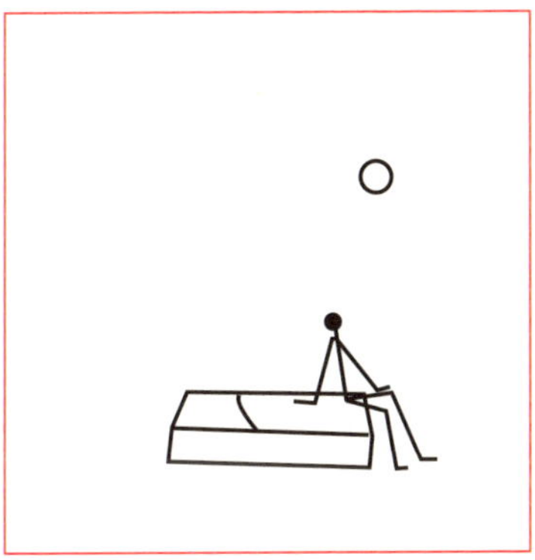

Dann aber heißt es,
die nötige Energie aufbringen

und mit seinem Realteil versuchen,

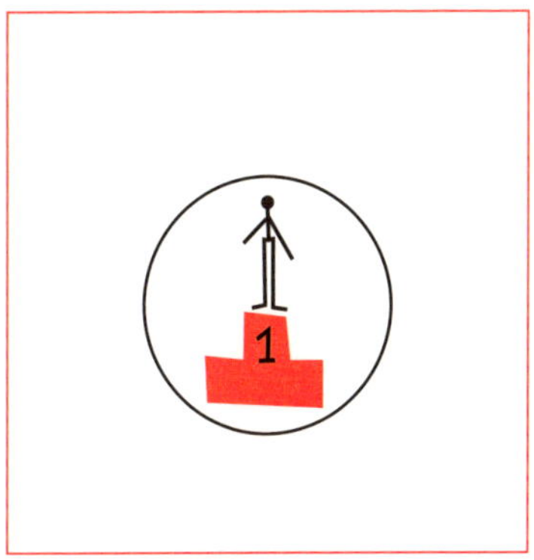

die Verheißungen des Imaginärteils
zu realisieren.

Die sich daraus ergebenden Handlungen,

egal, auf welch guten Kompromissen sie auch beruhen mögen,

fallen jedoch zumeist unter den Fachbegriff:

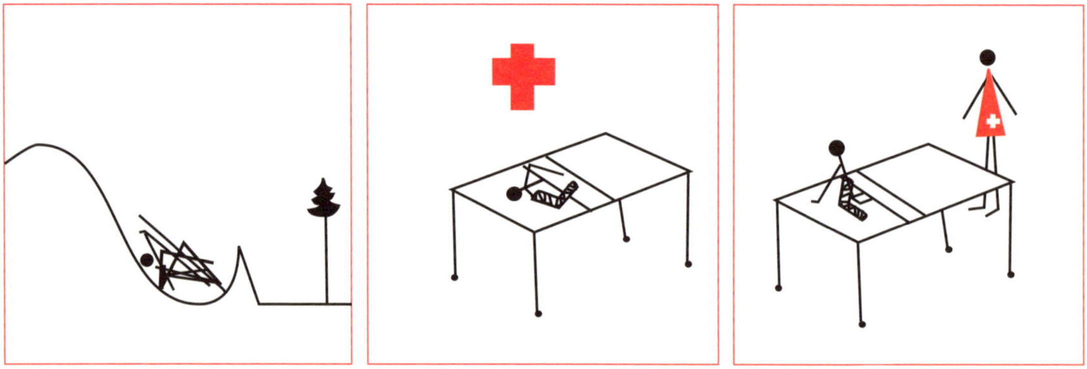

»Optimierung bei erschwerenden Randbedingungen«.

Und umgekehrt:

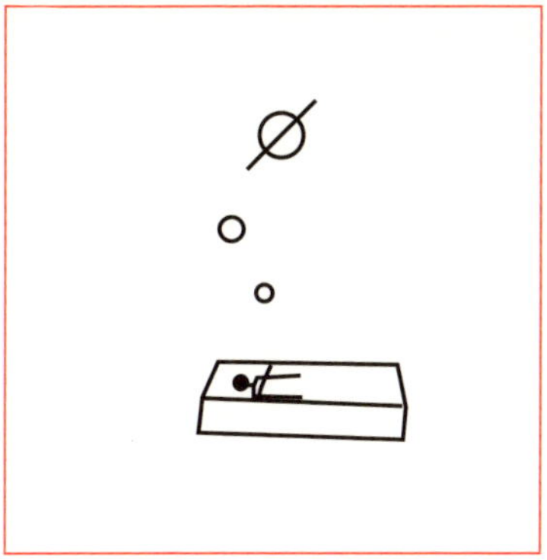

Fehlt es einem morgens an Imagination ...

kommt man nicht aus dem Bett.

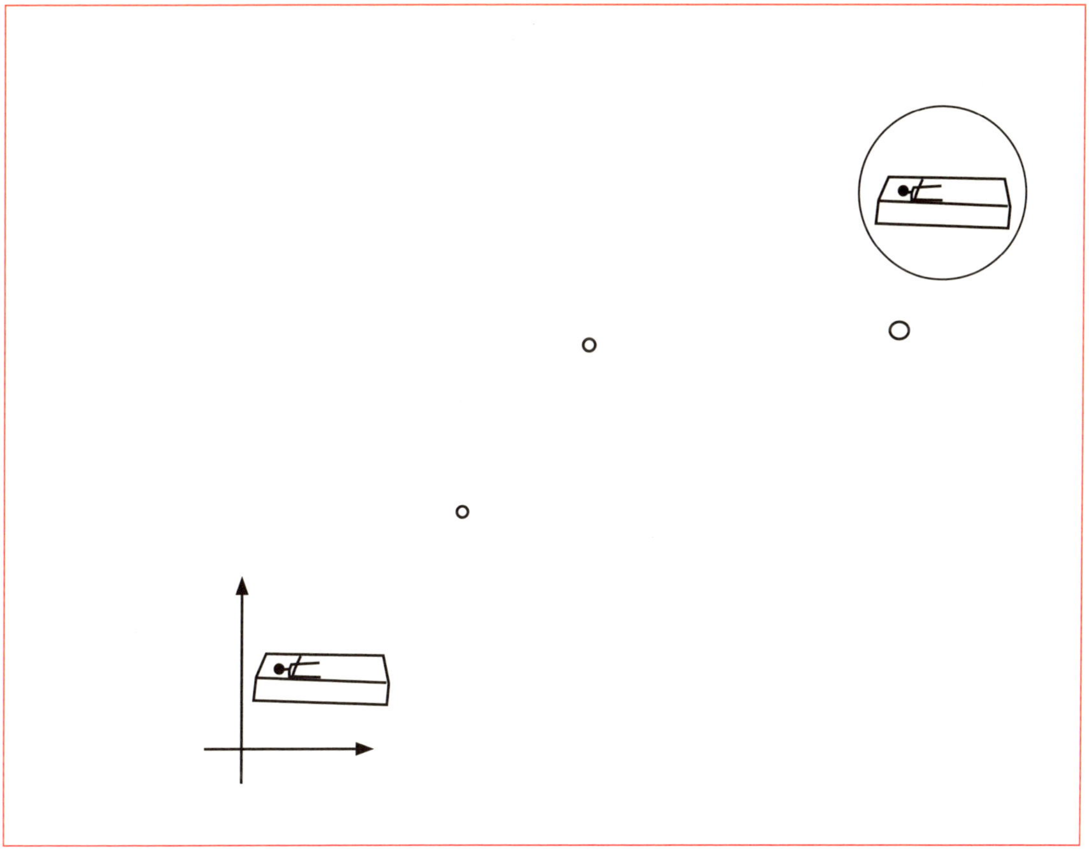

Damit wäre demonstriert, dass Realteil und Imaginärteil gut aufeinander abgestimmt sein sollten.

MERKE

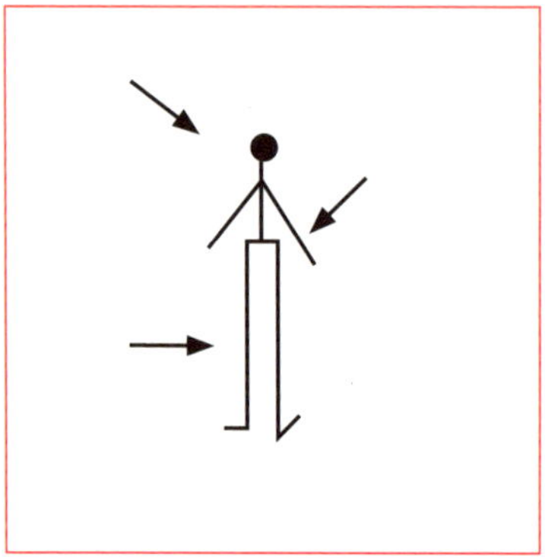

Die Mathematik,
sie steckt im Menschen!

In seinem Körper (Kapitel 1),

seinen Zeichnungen (Kapitel 2)

und seinem Kopf (Kapitel 3).

Darum hat er sie erfunden.

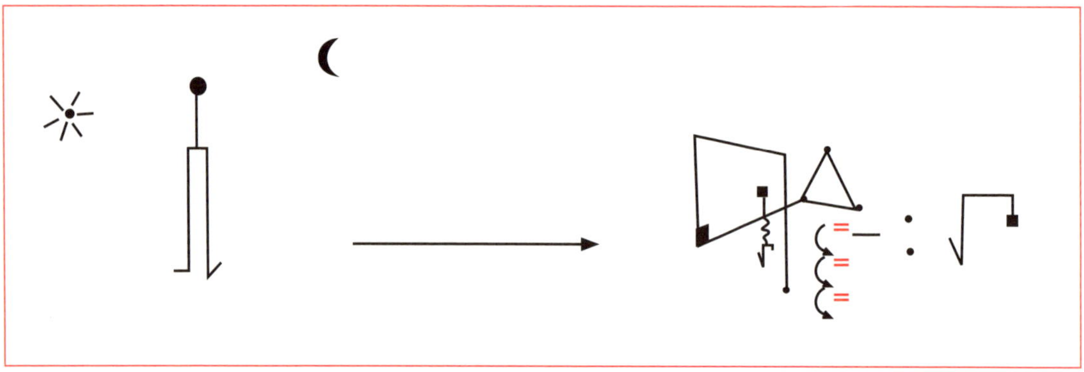

Einmal entdeckt, kann der Mensch gar nicht anders, als sie »nach seinem Abbilde erschaffen«.

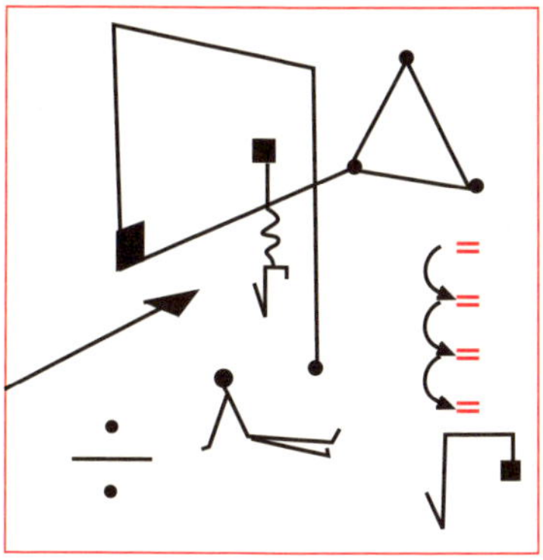

Und der Mensch,
er steckt in der Mathematik!

In den Funktionen (Kapitel 4),

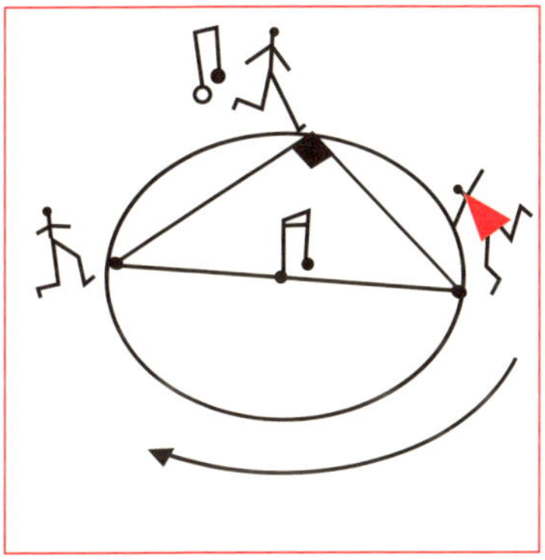

in den Lehrsätzen (Kapitel 5),

in den Vektoren (Kapitel 6)

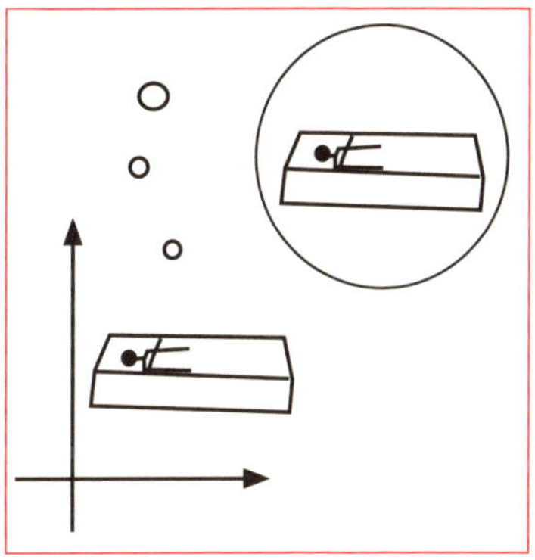

und in den komplexen Zahlen
(Kapitel 7).